AWS ではじめる インフラ構築入門

安全で堅牢な本番環境のつくり方 第2版

中垣 健志 著

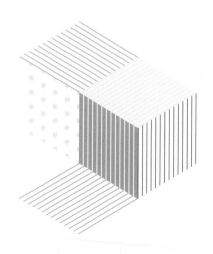

JN073551

SHOEISHA

本書内容に関するお問い合わせについて

このたびは翔泳社の書籍をお買い上げいただき、誠にありがとうございます。弊社では、読者の皆様からのお問い合わせに適切に対応させていただくため、以下のガイドラインへのご協力をお願い致しております。下記項目をお読みいただき、手順に従ってお問い合わせください。

●ご質問される前に

弊社Webサイトの「正誤表」をご参照ください。これまでに判明した正誤や追加情報を掲載しています。

正誤表　　https://www.shoeisha.co.jp/book/errata/

●ご質問方法

弊社Webサイトの「刊行物Q&A」をご利用ください。

刊行物Q&A　　https://www.shoeisha.co.jp/book/qa/

インターネットをご利用でない場合は、FAXまたは郵便にて、下記"翔泳社 愛読者サービスセンター"までお問い合わせください。
電話でのご質問は、お受けしておりません。

●回答について

回答は、ご質問いただいた手段によってご返事申し上げます。ご質問の内容によっては、回答に数日ないしはそれ以上の期間を要する場合があります。

●ご質問に際してのご注意

本書の対象を越えるもの、記述個所を特定されないもの、また読者固有の環境に起因するご質問等にはお答えできませんので、あらかじめご了承ください。

●郵便物送付先およびFAX番号

送付先住所　〒160-0006　東京都新宿区舟町5
FAX番号　　03-5362-3818
宛先　　　　（株）翔泳社 愛読者サービスセンター

はじめに

　この本を手に取っていただいた方の多くは、新しいアプリや既存のシステムをAWS上で動かしたいと考えているはずです。しかしAWSでは200以上のサービスが提供されているため、どのサービスを選択すれば必要かつ十分なのか、実際にいろいろ使ってみないとわからないという現状があります。

　このようなときは、「ユースケース別のソリューション」を手掛かりにしてみましょう。AWSでは、ビジネスアプリ、機械学習、サーバーレスコンピューティングなど、AWSの利用者が実現したいユースケースが用意されています。そしてユースケースごとに、それらの実現に必要なサービスセットが用意されています。このサービスセットが、みなさんが学習するべき必要かつ十分なものとなります。

　本書では、このユースケースの中でも**ビジネス／エンタープライズアプリ**のインフラ構築を取り上げます。これはサーバーレスやモバイルサービスなどの今どきのユースケースに比べると、やや古い感じのするユースケースです。しかし実際には、WebサーバーとDBサーバーの組み合わせを基本とするこのユースケースは、SIerやスタートアップを問わず、とてもよく使われる基本的なユースケースになります。このユースケースに関する知識を最初に学ぶことは、筆者はとても意義のあることだと考えています。

　本書の特長の一つは**本格的である**ということです。「WebサーバーとDBサーバーを用意して、簡単なサービスを動かしてみよう」というようなノリの本ではありません。セキュリティ、パフォーマンス、そして監視まで含んだ、本格的なビジネスアプリを構築するために必要なインフラサービスについて、手を抜くことなくしっかりと説明しています。そのため、情報量の多さにしり込みしてしまうかもしれません。しかし、ひるまないでください。すべての手順で、ふんだんに操作画面を用意してあります。最後まで読みきることができれば、実践的な知識を持つAWSのインフラ技術者として評価されるようになるでしょう。

　AWSは日進月歩で進化しています。そのためインターフェイスなども短い間隔で変更が入ります。そこで今回の改版では、すべてのインターフェイスのスクリーンショットを撮り直しました。また、一部のサービスについては料金がかかることを理解してもらうため、各章の冒頭に利用料のかかるリソースについて説明を入れています。

　それではさっそく、広大なAWSの中に飛び込んでみましょう！

中垣健志

本書を読む前に

 対象読者

本書は主に、次の方を対象としています。

- AWSでインフラを構築したいエンジニアの方
- クラウドインフラとネットワーク／サーバー構築について学びたい方
- ネットワークの基礎知識がある方（IPアドレス、ポート番号などの考え方を知っている）
- Linuxを使ったことがある方（lsコマンド、cpコマンド、sshコマンドなどを使ったことがある）

本書の特長

大きく2つの特長があります。

1つは、**ビジネスソリューションに特化**していることです。ビジネスソリューションで構築するアプリは、WebサーバーとDBサーバーを中心として構築される、基本的なWebアプリとして作成されます。本書で取り上げたAWSのサービスは、すべてこのソリューションでよく使われるものです。

本書で扱う内容

構築 Amazon VPC、Amazon EC2、ELB（Elastic Load Balancing）、Amazon RDS、Amazon S3、AWS Certificate Manager、Amazon Route 53、Amazon SES、Amazon ElastiCache

運用 AWS IAM、Amazon CloudWatch、請求

もう1つは**本格的**であることです。単なる学習レベルであれば、WebサーバーとDBサーバーを1台ずつ用意するだけでも、それなりのWebアプリが動いているように見えるでしょう。しかし本格的にWebアプリを運用しようとすると、パフォーマンス、堅牢性、保守性、コストなど、目には見えにくい、さまざまなことを考慮する必要があります。本書では、これらについても、実運用に基づいた実践的な説明をしています。

AWSによるインフラ構築の基本をしっかり理解できるよう、すべての章においてふんだんにスクリーンショットを使い、ステップバイステップ形式で学べるように工夫しています。また、第13章では、本書で説明したすべてのサービスを組み合わせた実践的なインフラ上で、実際にサンプルWebアプリを動作させます。

動作確認環境

本書で取り扱う技術はAWSのクラウド環境で動作させるため、基本的にはWebブラウザが動作すれば、OSやスペックの制限はありません。以下の動作確認環境は、あくまで参考です。

OS：Windows 10
Webブラウザ：Microsoft Edge

本書のサポートページ

本書に関するサポートページを以下のURLで公開しています。AWSのUIなどが変わり設定内容が変更されたなど、執筆時の内容が大きく更新された場合、このページで補足していく予定です。あわせてご利用ください。

WEB https://sites.google.com/view/aws-intro-2nd/

サンプルアプリのダウンロード

第13章では、作成したインフラでサンプルアプリを動作させます。このサンプルアプリは、筆者のGitHubリポジトリで公開しています。具体的なダウンロード方法については第13章で解説しています。

> 本書で解説する環境を構築すると、**AWSの無料利用枠を超えた分については**利用料が発生するため注意してください。詳細はp.312を参照してください。

目次

第 1 章　AWSをはじめよう　　　　　　　　　　1

第 8 章　データベースサーバーを用意しよう　161

第11章 メールサーバーを用意しよう 257

第 **12** 章　**キャッシュサーバーを用意しよう**　　**289**

第 **13** 章　**サンプルアプリを動かしてみよう**　　**311**

付録　　385

📝 **NOTE 目次**

COLUMN 目次

第 1 章

AWSをはじめよう

　Webアプリケーションを公開するときに、それが動くインフラはどうやって用意すればよいのでしょうか？　プロバイダー／通信業者が提供するレンタルサーバーを契約したり、自前でサーバーやネットワークを用意するのは、手間もお金もかかります。もっと気軽にWebアプリケーションを公開したいという場合、アマゾンウェブサービス（AWS）を使えば、驚くほど簡単にWebアプリケーション用のインフラを構築できます。さあ、AWSをはじめてみましょう。

1.1　AWSの概要

　アマゾンウェブサービス（Amazon Web Services：**AWS**）とは、オンラインショッピングサイトを運営するアマゾンドットコム（Amazon.com）の子会社アマゾンウェブサービス社が提供する、世界中で使われているクラウドプラットフォームです。AWSを使うと、ITに関するさまざまな仕組みを、構築して運用できます。個人での利用から、グローバルに展開される大規模なサービスまで、さまざまな分野でAWSが活用されています。

　アプリケーション／サービス（以下、アプリ）を構築・運用するための環境は**インフラ**（またはITインフラ）と呼ばれます。AWSは、インフラ構築を行うために、さまざまな**AWSサービス**（機能群）を用意しています。

　たとえば、アプリの開発者／開発会社は、ビジネスや業務での利用を目的として独自のアプリを開発します。そして、開発したアプリを動作させるためのインフラを、AWSサービスを使って準備し、そのインフラ上にアプリを配備します（図1.1）。

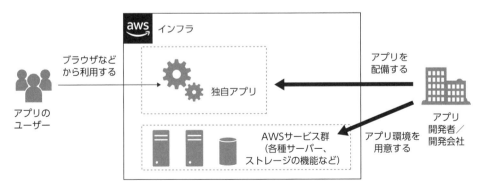

図1.1　AWSの使われ方

　アプリのユーザーは、ブラウザやスマートフォンなどを使って、そのアプリにアクセスし利用します。アプリのユーザーからすると、インフラがAWSで構築されているかどうかはわかりません。しかし結果として、安定したアプリを利用できます。

NOTE

AWSを使用している有名な企業

ネット動画配信サービスを提供するNetflix（https://www.netflix.com/jp/）は、AWSを積極的に利用している大企業の1つです。国内ではキャッシュレスサービスを提供するPayPayや、その他にも大小さまざまな企業が、積極的にAWSを利用しています。

▼国内でのAWS導入事例
　WEB https://aws.amazon.com/jp/solutions/case-studies-jp/

1.2 クラウド

　クラウド（または**クラウドコンピューティング**）とは、インターネットなどのネットワークを通じて、サーバー、ストレージ、そしてネットワークなどのコンピュータ資源をサービスとして提供するビジネスの総称です。はじめに、クラウド以前のコンピュータ資源の調達方法（所有、レンタル）と比べることで、クラウドの特徴を説明していきます。

1.2.1 コンピュータ資源としてのクラウド

所有（オンプレミス）

　所有は、すべてを自社で管理する方式です（図1.2）。**オンプレミス**（on-premises）とも呼ばれます。必要なコンピュータ資源はすべて購入して、構築から運用まですべて自社で行います。

　所有形態の場合、初期に多額のコストがかかります。また、運用を自ら行わなければならないため、運用に携わる技術者が必要になります。

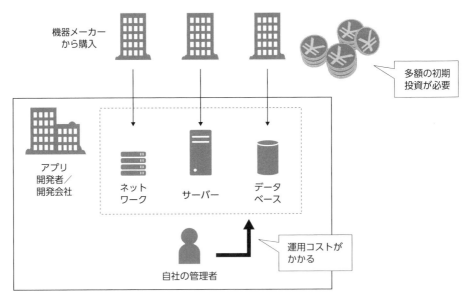

図1.2　所有（オンプレミス）

レンタル

　このようにコンピュータ資源を所有することは非常に大変なので、次に**レンタル**という形式が出てきました。これは、もっぱらコンピュータ資源のレンタルを行う企業と契約して、必要なだけコンピュータ資源を借りる形式です（図1.3）。

　基本的にハードウェアやネットワークインフラの構築と運用は、レンタル会社に任せる

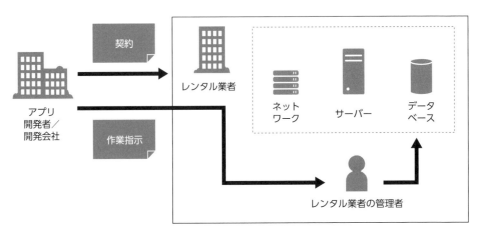

図1.3　レンタル

ことができます。また、初期のコストも比較的安く抑えることができます。

　しかしレンタル期間は、1か月単位あるいはそれ以上になることが普通です。コンピュータ資源の増減は電話やメール、書面でのやり取りとなるため、「今すぐ使いたい」というニーズに応えることが難しいという面もあります。インフラ障害が発生したときにも、レンタル会社に依頼することしかできず、復旧が遅れることがあります。

クラウド

　そして次に登場したのが**クラウド**です（図1.4）。クラウドでは、コンピュータ資源を1時間単位、あるいは1分単位で借りることができます。また、ブラウザベースの管理画面が用意されていることがほとんどで、管理画面で操作するだけで、直接必要なコンピュータ資源を用意できます。

　しかしインフラの障害が発生したときには自力での問題解決は難しく、また指示を出すこともできないため、クラウド業者側の対応を待つことしかできません。

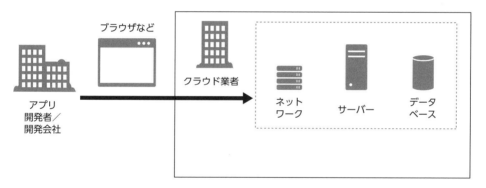

図1.4　クラウド

 NOTE

AWS障害

数年に一度くらいの頻度で、AWSでも大きな障害が発生しています。このとき、AWSの利用者は基本的にはAWS自身による復旧を待つことしかできません。所有に比べてクラウドがデメリットとなる、数少ない事例です。

5

最後に、所有、レンタル、クラウドの違いをまとめておきましょう（表1.1）。

表1.1　コンピュータ資源の調達方法の比較

項目	所有	レンタル	クラウド
初期投資	かなり高い	高い	**低い**
調達期間	数週間～数か月	数時間～数日間	**数分**
運用コスト	かなり高い	**低い**	**低い**
運用後の増減	難しい	やや難しい	**簡単**
独立性	**高い**	やや低い	やや低い

1.2.2　クラウドのメリット

クラウドでシステムを構築すると、次のようなメリットが得られます。

固定コストから変動コストへ

所有形態だと初期に数百万円～数千万円の投資を行い、3～5年をかけて回収するという考え方です。しかしクラウド形態だと、毎月数万円～数十万円支払うという考え方になります。短い期間で成果を見極め成長していかなければならない会社にとっては、クラウド形態の考え方は魅力的です。

スケールメリット

クラウド業者は多くの利用者を集めて、巨大なシステムを構築します。機器が大量購入できるため、利用者ごとのコストが安くなります。

成長を見越したキャパシティ予測が不要

所有形態だと、最初に用意した機器を後から増やすことは大変です。そのため、将来の成長を見越して余裕を持たせて構築を行います。成長が予想通りでないときにはムダが発生します。クラウドの場合は機器の増減が簡単です。そのため、最初は小さく、成長につれて大きくするといったことが可能となり、ムダがなくなります。

検証や開発期間の短縮

時間単位で機器が借りられるクラウドでは、新技術を検証するための最新機材などを、期間を限定して用意できます。そのため、変化の速いIT技術に遅れずについていくことができます。

⬢ データセンターの保守が不要

　サーバーやネットワークなどの機器は、すべてクラウド業者が運用してくれます。そのため、機器の設置やケーブルの配線、あるいは機材の調達や契約などといった保守作業が一切不要になります。

⬢ グローバルに展開できる

　クラウド業者の中には、サービスを全世界でグローバルに展開しているところもあります。しかも、世界中の各拠点への展開はクラウド業者が行ってくれます。そのため、グローバルなサービスを展開したい会社にとっても、良い選択肢になります。

1.2.3　IaaS、PaaS、SaaS

　一口にクラウドといっても、提供するサービスのレベルによってさまざまな形態があります。ここでは、代表的な3つの形態（IaaS、PaaS、SaaS）について説明します。

⬢ IaaS

　IaaS（イアース）はInfrastructure as a Serviceの略で、インフラ部分、つまりレンタルの形式と同じくサーバーやネットワークをサービスとして提供します（図1.5）。構築したサーバー上にOS（Linux、Windowsなど）やミドルウェア（Ruby on Rails、MySQLなど）を入れたり、ネットワークの設定を行ったりするのは、クラウドの利用者の役割となります。

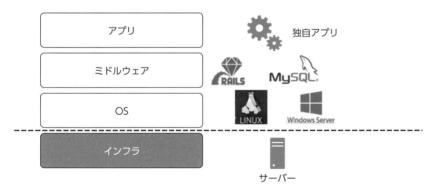

図1.5　IaaS（インフラのみ提供）

7

PaaS

PaaS（パース）はPlatform as a Serviceの略で、アプリを動作させるために必要なプラットフォーム（Webサーバー、データベースなど）そのものをサービスとして提供します（図1.6）。クラウドの利用者は、そのプラットフォーム上で動作するアプリだけを作成して配備します。プラットフォームは業者によって管理されるので、たとえばサーバーにパッチを当てたりデータベースのバックアップを取ったりなどといった、いわゆるインフラ運用の範疇に含まれる作業はクラウド業者に任せることができます。

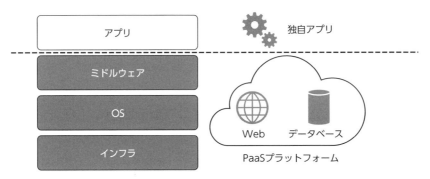

図1.6 PaaS（インフラ／OS／ミドルウェアを提供）

SaaS

SaaS（サーズ）はSoftware as a Serviceの略で、クラウド業者が専用のアプリまで用意します（図1.7）。クラウドの利用者は、アプリが提供するサービスに対して対価を払うだけとなります。たとえばSalesforceというクラウド業者は、会社内で使われる業務システムをサービスとして提供しています。また、メールやSNSといった単体のサービスを提

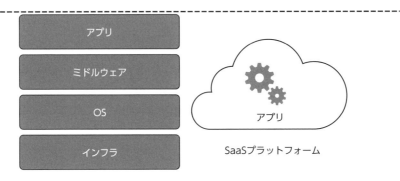

図1.7 PaaS（すべてを提供）

供しているクラウド業者もいます。

　クラウドの利用者は、インフラやミドルウェア、そしてアプリすべてにおいて運用や改善といった作業をクラウド業者に任せることができます。

📝 **NOTE**

XaaS

クラウドが広く使われるようになってくると、**XaaS**（ザース：X as a Service）という、X（サービス提供する各種コンピュータ資源）に当てはめてさまざまなサービスを提供するクラウドの形態が出てきました。比較的有名なものとしては、以下のようなものがあります。

- BaaS（Backend as a Service）：モバイルアプリのサーバー部分をサービスとして提供
- FaaS（Function as a Service）：アプリよりも小さいファンクション（関数）を動作させるプラットフォームをサービスとして提供
- DaaS（Desktop as a Service）：リモートでデスクトップ環境を用意するサービスを提供

このような名称は、技術的というよりはマーケティング的な視点でつけられているものも多く、特に覚える必要はありません。それより、どのようなサービスを提供しているか、そして自身のニーズにマッチするかどうか、という視点でクラウド選定を行うとよいでしょう。

1.2.4 AWSが提供するクラウド形態

　AWSが最初にリリースしたサービスは、IaaSに該当するもの（サーバーの時間貸し）でした。しかしその後、クラウドの利用者がサーバーを意識しなくてもよい「サーバーレス」という仕組みもリリースしました。さらに最近では、主にAIや機械学習の分野でプログラムも不要で単に用意されている機能を利用するサービスもリリースされています。そのため、いまやAWSはIaaS（あるいはPaaS）の枠を超えたさまざまなサービスを提供するクラウド形態に成長しています。

1.3  AWSでできること

　AWSで用意されているAWSサービスを使うことで、世の中にある多くのITシステムを構築できます。AWSのドキュメントでは、ITシステムの種類を**ソリューション**と定義し、いくつかの代表的なソリューションをどのようにAWSで実現するかを解説しています。ここでは、そのうち広く使われているソリューションについて説明します。

1.3.1 エンタープライズアプリの構築

　エンタープライズアプリとは、サーバー、データベース、ネットワーク機器などを組み合わせて作られた、1つの大きなシステムです（図1.8）。会社内で使われる業務システムのほか、LAMP（Linux／Apache／MySQL／PHP）などの比較的古い技術で作られたWebアプリなどが当てはまります。

　このようなシステムは従来、所有やレンタルの形態で構築していたインフラで運用されていましたが、このインフラ部分をAWSサービスを使って運用します。

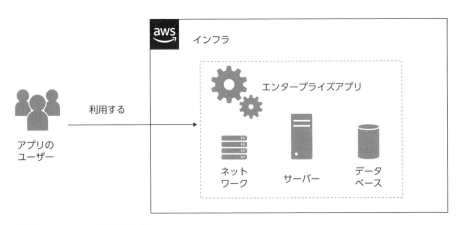

図1.8　エンタープライズアプリ

1.3.2 サーバーレスアプリの構築

サーバーレスアプリとは、アプリを動作させるインフラをAWSの機能ですべて管理する仕組みのことです（図1.9）。サーバーを安定させて稼働させたり、急な負荷に対する性能を向上させたりすることが自動で行われ、アプリの開発者は単に使用した分だけの使用料を払えばよくなります。

このようなシステムは、大人気アーティストのライブチケット販売や、選挙期間中の期間限定サイトなど、短期間で大量のユーザーに利用してもらうようなサービスを構築するときに使われます。

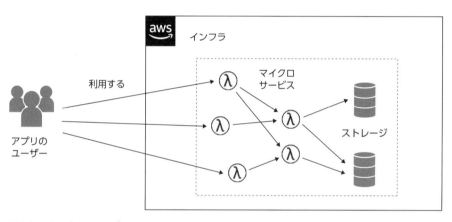

図1.9　サーバーレスアプリ

1.3.3 AI、機械学習

AIや機械学習では、大量のデータを高性能のサーバーで分析して、特定の問題を解決するためのモデルを作ります（図1.10）。たとえば顔認識AIでは、大量の顔の画像を分析して、顔写真を見せたら人の名前を答えるというモデルを得ます。一度作成したモデルは、クラウド外の環境に持ち出して利用することができます。

AWSはクラウドなので、モデルを構築するために巨大なコンピュータ資源を短期間（数時間～数日）だけ使うといった用途に最適です。

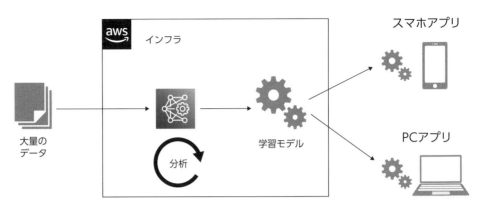

図1.10　AI、機械学習

1.3.4 その他

AWSでは、他にも次のようなソリューションを提供しています。

- **分析とデータレイク**：インフラ管理に伴う大量のデータを効率良く安全に分析するための環境を提供
- **IoT**：センサーなどの小さな機械を使ったシステム
- **ストレージ**：写真や動画などを保存する場所を提供
- **ゲーム開発**：ゲームの開発から運用までをフルセットでサポート

他にもさまざまなソリューションが提供されています。詳しくはAWSのサイトを参照してください。

▼AWSソリューションライブラリ
WEB https://aws.amazon.com/jp/solutions/

1.3.5 本書で扱うビジネスニーズとサービス

　本書では、Webアプリ（または、Webの技術をベースとしたエンタープライズアプリ）を構築するための技術について説明します。具体的には、表1.2のAWSサービスについて説明していきます。

表1.2　本書で解説するAWSサービス一覧

カテゴリ	サービス名	説明	章
コンピューティング	EC2	LinuxやWindowsなどを動作させるためのサーバー	第5章 第6章
ストレージ	S3	大量のデータを安全に安く保存することのできるストレージ	第9章
データベース	ElastiCache	RedisやMemcachedなどのキャッシュサービスを動作させるサーバー	第12章
	RDS	MySQLやOracleなどのデータベースを動作させるサーバー	第8章
管理とガバナンス	CloudWatch	AWSで構築したサービスの監視を行う	第14章
セキュリティ、ID、およびコンプライアンス	Identity and Access Management（IAM）	AWSのリソースを使うためのユーザーや権限を管理する	第3章
	Certificate Manager	SSLサーバー証明書を管理する	第10章
ネットワーキングとコンテンツ配信	Elastic Load Balancing	大量のリクエストを効率良くさばくための仕組み	第7章
	Route 53	インターネットでのドメイン名の解決を行うための仕組み	第10章
	VPC	仮想的なネットワークインフラの構築を行う	第4章
カスタマーエンゲージメント	Simple Email Service	Eメールの送受信を行う	第11章
請求とコスト管理	Billing and Cost Management	月々の運用コストの管理を行う	第15章
	Pricing Calculator	AWS構築時の見積もりを行う	第15章

> **NOTE**
>
> **AWSのサービスとリソース**
>
> AWSの**サービス**（AWSサービス）は、AWSが提供しているさまざまな機能のことです。たとえば、AWSでは、EC2やS3といったサービスを提供しています。
> これに対し、AWSの**リソース**は、AWSサービスを使って作成されたもののことです。作成されたリソースは、第2章で説明するAWSアカウントを使って管理できます。

　次章から第12章まで、それぞれのAWSサービスについて説明していきます。これらのサービスをすべて構築すると、図1.11のようなインフラができあがります。今はこの図を理解する必要はありませんが、それぞれの章でどの箇所を構築しているかを迷わないよう、地図代わりにこの図を使っていきます。

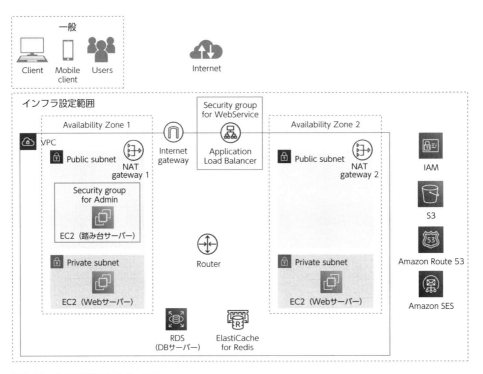

図1.11　本書で構築するインフラ

　そして、第13章では、このインフラ上でサンプルアプリを実際に導入して動作させることを学びます。
　第14章と第15章では、これらのインフラの保守を行ったり料金に関する運用を行ったりするための方法について説明します。
　それでは、AWSサービスについて学びながら、インフラを構築していきましょう！

第 **2** 章

AWS アカウントを作ろう

　AWSのサービスを使うにはAWSアカウントが必要です。AWSアカウントとはどのようなものか、そしてその作成方法について見ていきましょう。

 2.1　AWSアカウントとは？

　AWSのサービスを使用するときには、まず**AWSアカウント**を作成します。AWSアカウントは、AWSのリソースを管理するために使われます（図2.1）。異なるAWSアカウント同士では、AWSのリソースを共有できません。たとえば、次のような注意点があります。

- あるAWSアカウントで、別のAWSアカウントで作成した環境のサーバーを操作できない
- AWSの利用料は、AWSアカウント単位でまとめられる
- AWSからのサポートの種類（無料・開発者・ビジネス）は、AWSアカウント単位で契約する

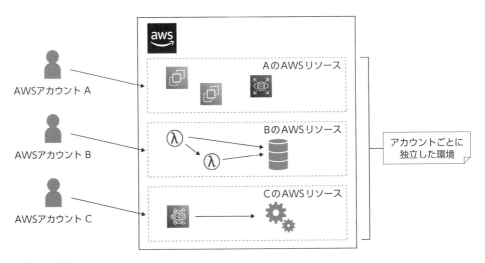

図2.1　AWSアカウント

16

2.1.1　AWS アカウントの作成に必要なもの

AWSアカウントを作成するために、事前に用意するべきものは次の通りです（図2.2）。

① メールアカウント
② 電話番号（固定 or スマートフォン／携帯電話）
③ クレジットカード

　メールアカウントは、通常の電子メールの送受信ができるメールアドレスのことです。個人のものでも組織のものでも、どちらでも大丈夫です。

　電話番号は、AWSアカウント作成の手順の中で、1回だけ本人確認のために使われます。本人の電話番号であることが求められますが、厳密には本人がある程度自由に使える電話番号であれば問題ありません。たとえば、実家住まいの学生がAWSを利用するのであれば、実家の固定電話が使えます。また、会社員が業務でAWSを利用するのであれば、会社の固定電話や会社から提供されている業務用スマートフォン／携帯電話の電話番号を使うこともできます。

　クレジットカードは、利用料の引き落としに使われます。たとえ無料のサービスしか使わないとしても必要となります。

hogehoge@email.com

03-xxxx-xxxx

4986-xxxx-xxxx-xxxx

①メールアカウント　　　　　②電話番号　　　　　③クレジットカード

図2.2　AWSアカウント作成で必要なもの

NOTE

AWS Educate

AWS Educate とは、AWSの学習を目的とした利用者のために用意されている特別なAWSアカウントです。教員や学生などが利用できます。登録にあたっては審査が必要となりますが、クレジットカードは必要ありません。

WEB https://aws.amazon.com/jp/education/awseducate/

2.1.2 ルートユーザー

　AWSのサービスは、ブラウザ上から操作できます。操作の際、どのAWSアカウントに関するサービスを使用するのか、指定する必要があります。そのためには、AWSアカウントに属するユーザーを指定して、サインインを行う必要があります。

　AWSアカウントを作成すると、自動的にユーザーも作成されます。このユーザーのことを**ルートユーザー**と呼びます。ルートユーザーはAWSアカウントに関連するすべてのAWSサービスを操作できる、強力な権限を持ったユーザーです。そのため、通常はAWSアカウントの中に、開発者に必要な権限のみに制限したユーザーを作成して、このユーザーで開発作業を行います。

　サインインの方法は、「2.3　サインイン」で説明します。また、制限したユーザーの作成方法は、第3章で説明します。

2.2 AWSアカウントの作成

　AWSアカウントは5分とかからずに作成できます。さっそくAWSアカウントを作成してみましょう。

　AWSアカウントを作成するページへのリンクは、AWS内のドキュメントやAWS外の広告など、いたるところにあります。しかし逆にAWSのトップページには、なぜかリンクが用意されていません。そのためここでは、執筆時点で確実な手順を記載します。まずは以下のURLから進んでください。

▼ AWSアカウント作成の流れ
　WEB https://aws.amazon.com/jp/register-flow/

> **NOTE**
>
> この後の「図2.12 AWSアカウントのメールアドレスを入力」画面にも、AWSアカウントを作成するボタンがあります。

1. AWSにサインアップ

上記URLを開いたら［今すぐ無料サインアップ］をクリックすると、AWSアカウントの作成プロセスが開始されます。

まず、AWSアカウントとして利用するメールアドレスとAWSアカウント名を入力します（図2.3）。AWSアカウント名には、自身のAWSアカウントを識別するための重複しにくい文字列を、英数字と記号で設定します。

入力できたら［認証コードをEメールアドレスに送信］をクリックします。

少したつと、入力したメールアドレスに認証コードを含んだメールが届きます。その番号を控えておいてください。

図2.3　AWSにサインアップ

2. 認証コードを入力

次に、届いた認証コードを入力します（図2.4）。入力が終わったら［認証を完了して次へ］ボタンをクリックします。

図2.4　認証コードの入力

3. パスワードを入力

正しい認証コードが入力できたら、次にパスワードを入力します（図2.5）。入力が終わったら［次へ（ステップ1/5）］ボタンをクリックします。

図2.5　パスワードの作成

4. 連絡先情報を入力

　次にAWSアカウントの連絡先情報を選択／入力します（図2.6）。すべて半角英数と記号を使用してください。AWSの利用用途は、基本的には法人利用であれば「ビジネス」、個人利用であれば「個人」を選びます。ただし、AWSアカウント作成時に入力項目の増減があることを除けば、AWSの利用用途によって、できること／できないことは変わりません。

　選択／入力できたら［次へ（ステップ2/5）］ボタンをクリックします。

図2.6　連絡先情報を入力

5. 支払い情報を入力

次に支払い情報を選択／入力します（図2.7）。クレジットカードの情報を入力してください。

選択／入力できたら［確認して次へ - （ステップ 3/5）］ボタンをクリックします。

図2.7　支払い情報を入力

 ## 6. 本人確認

次に本人確認を行います。本人確認はテキストメッセージ（SMS）を使う方法と、電話を使う方法の2つが用意されています。

ここでは「テキストメッセージ（SMS）」を選択し、画面上で要求されている情報を入力して［SMSを送信する - （ステップ 4/5）］をクリックします（図2.8）。すると使い捨ての4桁の数字が、SMSで送られてきます。この数字を続けて画面上で入力してください。

図2.8　本人確認

7. サポートプランの選択

　最後にAWSのサポートプランを選択します（図2.9）。学習目的であれば無料のベーシックサポートで十分です。説明をよく読み、状況にあったプランを選択してください。サポートプランは、利用中に変更できます。選択したら［サインアップを完了］をクリックします。

図2.9　サポートプランの選択

おめでとうございます。これでAWSアカウントが作成されました（図2.10）。

引き続き［コンソールにサインイン］をクリックして、AWSマネジメントコンソールを開くことができます。AWSマネジメントコンソールについては次節で説明します。

図2.10　AWSアカウント作成完了

NOTE

あらかじめ作成されるリソース

AWSアカウントを作成すると、AWSで作業をはじめるにあたって最小限のリソースが自動で作成されます。作成されるリソースは多岐にわたるため、ここでは個別の説明はしません。次章から各リソースの作成手順を見ていきますが、あらかじめ作成されたリソースがあるときには説明します。

2.3 サインイン

AWSアカウントが作成できたら、このアカウントでAWSを使ってみましょう。

作成したAWSアカウントでAWSを利用するには、サインインを行う必要があります。

1. サインインの開始

AWSのサイトには右上に［コンソールにサインイン］というボタンが用意されているので、これをクリックします（図2.11）。

図2.11 サインインの開始

2. AWSアカウントの情報を入力

次にAWSアカウント作成時に入力したメールアドレスとパスワードを入力します。

まず、「ルートユーザー」が選択されていることを確認して、ルートユーザー（AWSアカウント）のメールアドレスを入力してください（図2.12）。入力できたら［次へ］ボタンをクリックします。

25

注意

AWSアカウント作成後にすぐにサインインの手順に進んだ場合、このメールアドレス入力（図2.12）の手順が省略されて、次のパスワード入力の手順（図2.13）からはじまることがあります。

図2.12　AWSアカウントのメールアドレスを入力

 NOTE

IAMユーザー

IAMユーザーは、ルートユーザーに代わって通常利用を行うためのユーザーです。第3章であらためて説明します。

3. AWSアカウントのパスワードを入力

次にルートユーザー（AWSアカウント）のパスワードを入力します。入力したら［サイ

ンイン］ボタンをクリックします（図2.13）。

図2.13　AWSアカウントのパスワードを入力

　これでサインインが完了して、AWSマネジメントコンソールが開きました（図2.14）。

図2.14　サインイン完了：AWSマネジメントコンソール

27

2.4 AWSマネジメントコンソールの使い方

図2.14の**AWSマネジメントコンソール**画面（以下、管理コンソール）では、AWSに関するすべての作業を行うことができます。第3章以降の説明では、サービスの作成や利用をすべて管理コンソールから行います。ここでは、次の基本的な操作について説明します。

- リージョンの変更
- ダッシュボードを開く
- サインアウト

2.4.1 リージョンの変更

AWSの仕組みは、世界中に展開されている拠点単位で提供されています。この拠点のことを**リージョン**と呼びます。たとえば、日本だけで公開するサービスであれば、日本のリージョンで構築すると効率が良いと予測できます。

管理コンソールでは、作業を行う前にどのリージョンで作業するのかを設定しておく必要があります。画面右上のメニューに表示されているAWSアカウント名の右側に「＜リージョン名＞▼」があります（図2.15）。「＜リージョン名＞」の部分には現在選択されているリージョンが表示されます。はじめてAWSを利用するときには、この部分は東京以外のリージョンが選択されているかもしれません。

たとえば、リージョンを「東京」に変更したい場合は、［＜リージョン名＞▼］（▼の部分）をクリックし、リージョンの一覧から［アジアパシフィック（東京）］を選びます（図2.16）。

図2.15 リージョン名

＜リージョン名＞▼

図2.16　リージョンの選択

2.4.2 サービスのダッシュボードを開く

　この後の章では、作業の手順を各サービスのダッシュボードから説明していきます。その
のダッシュボードを開くための手順について説明します。

　画面左上の［サービス］メニュー（図2.17）をクリックすると、最近利用したサービス
の一覧が表示されます（図2.18）。本書の手順に沿って初めてこの画面を開いたときには、
コンソールしか表示されませんが、この後様々なサービスを使うことで、この画面に表示
されるサービスは変化します。

図2.17　［サービス］メニュー

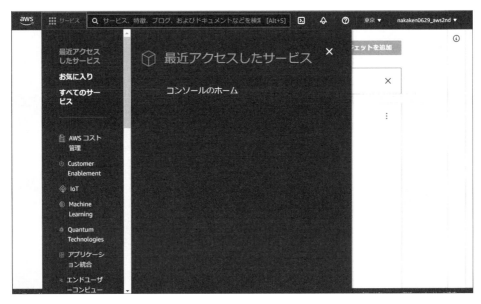

図2.18　サービスのダッシュボード（最近使用したサービス）

　AWSで提供されているすべてのサービスを見たいときには、左側のメニューから［すべてのサービス］をクリックします。するとAWSのすべてのサービスの一覧が表示されます（図2.19）。

図2.19　サービスのダッシュボード（すべてのサービス）

　AWSのサービスがたくさん表示されているため、上部のテキストボックスにキーワード（たとえば「IAM」「VPC」など）を入力して絞り込むと見つけやすくなります（図2.20）。

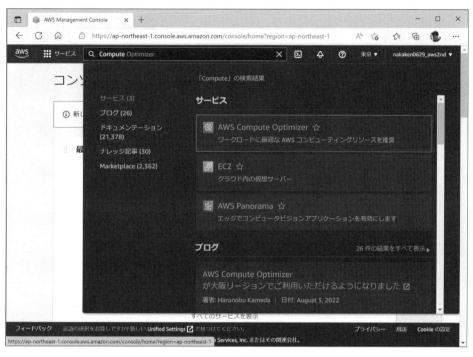

図2.20　キーワードによるサービスの絞り込み

2.4.3　サインアウト

　管理コンソールでの作業が終わったら、サインアウトを行います。サインアウトを行うことで、他の人が自分のAWSアカウントで作業をしてしまうといった事故を防ぐことができます。
　画面上部のメニューから［＜AWSアカウント名＞▼］→［サインアウト］をクリックします（図2.21）。これでサインアウトが行われます。

図2.21　サインアウト

　この章では、AWSアカウントの作成のほか、サインイン／サインアウトの仕方や管理コンソールの使い方について説明しました。次章以降では、AWSアカウントで行うことができる様々な設定方法について見ていきます。

第 3 章

安全に作業するための準備

　第2章でAWSのアカウントを作成しました。しかしこのままでは、すべてのアクセス許可を持つルートユーザーが1人いるだけの状態です。万が一このルートユーザーが乗っ取られてしまうと、不正利用により多額の請求をされてしまうかもしれません。

　そこで最初に、AWSで安全に作業を行うための準備を行いましょう。

図3.1　第3章で作成するリソース

3.1　IAM

　IAM（アイアム、アイエーエム）はIdentity and Access Managementの略で、AWSのリソースへのアクセスを安全に管理するための仕組みです。主に認証とアクセス許可の機能を実現します。

3.1.1　認証

　認証とは、これから利用するユーザーが誰であるかをAWSに対して伝えることです（図3.2）。ユーザーには、他のユーザーとかぶらないIDが提供されます。このIDと、本当のユーザーにしか用意できない情報（例：パスワードなど）をセットでログイン情報と

して入力します。これらのセットが正しい場合、AWSにログインできます。

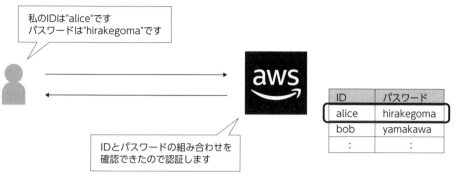

図3.2 認証

3.1.2 アクセス許可

アクセス許可とは、AWSのユーザーがどの機能を使えるのかを管理して許可することです（図3.3）。たとえば、「一般ユーザーではサーバーを新たに作成できないが、管理者（作成権限のあるユーザー）であれば作成できる」というような区別を行います。

図3.3 アクセス許可

3.1.3 ルートユーザー

第2章では、AWSマネジメントコンソール（以下、管理コンソール）にログインしました。このときに使ったアカウントは**ルートユーザー**と呼ばれます。

ルートユーザーは、AWSのすべてのリソースにアクセスできる、とても強力なアクセス許可を持ったアカウントです。そのため、ルートユーザーはAWSの解約やユーザー管理などの特殊な作業以外では使わずに、代わりに通常の開発で使う一般ユーザー（**IAMユーザー**）を作成することが勧められています（図3.4）。

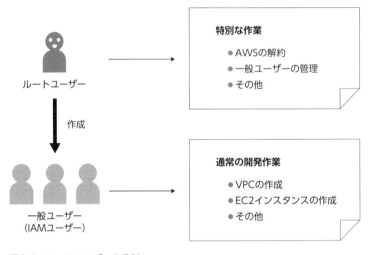

図3.4 ルートユーザーの役割

 NOTE

ルートユーザーの作業一覧

AWSのドキュメントでは、ルートユーザーでしか行えない作業が示されています。興味のある方は、以下のURLをご覧ください。

▼ルートユーザー認証情報が必要なタスク
WEB https://docs.aws.amazon.com/ja_jp/general/latest/gr/aws_tasks-that-require-root.html

3.1.4 ユーザーとグループ

3.1.2項のように、ユーザーごとにアクセス許可を設定することもできます。しかし、ユーザーが少ないうちはそれでもよいですが、ユーザーが増えてくると、ユーザーごとにアクセス許可を設定するのが大変になってきます。また、設定漏れなどが起きることもあります。このような場合に備えて、グループを使ったアクセス許可の管理方法も用意されています（図3.5）。

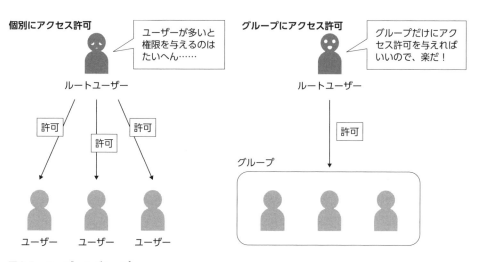

図3.5 ユーザーとグループ

グループを使った場合、アクセス許可は直接ユーザーに与えるのではなく、グループに対して与えます。そしてそのグループに参加しているユーザーには、グループが持つアクセス許可があるものとして扱います。

こうすると、どんなにユーザーがいてもアクセス許可はグループに対して行うだけなので楽です。また、新しいユーザーを作成した場合は、対象となるグループに参加させるだけなので、設定漏れも起きません。

たとえ少人数でもユーザーとグループを使った管理をお勧めします。

3.2　IAMのダッシュボードによる安全性の確認

　IAMでは、安全にAWSを使うための機能を提供しています。しかし、認証やアクセス許可を行うための設定が正しくできていないと、不正利用や意図しない高額請求につながってしまうかもしれません。それを防ぐため、AWSでは、IAMでのセキュリティのベストプラクティスが定義されています。

▼IAMでのセキュリティのベストプラクティス
WEB https://docs.aws.amazon.com/ja_jp/IAM/latest/UserGuide/best-practices.html

　ここに書かれている個別の設定は、必ずしもすべてのユーザーにとって必要なものではありません。また、これらの設定をすべて行ったからといって、100%の安全性が確保されるわけでもありません。しかし多岐にわたるセキュリティリスクに対応するための、有用な考慮事項として提供されています。

　ここでは、これらのベストプラクティスの内容を参考にして、次の5つの項目について適切な設定を行うための手順を説明していきます。

- ルートユーザーのアクセスキーの削除
- ルートユーザーのMFAを有効化
- 個々のIAMユーザーの作成
- グループを使用したアクセス許可の割り当て
- IAMパスワードポリシーの適用

! 注意

> この5つの設定は、かつてAWSが推奨していた項目を参考に、独自に選択したものです。読者の所属する組織のセキュリティポリシーなどによっては、この5つの設定以外にも有効かつ必要な設定があることに注意してください。

　それでは、各項目についての説明と、適切な設定を行うための手順について説明していきます。

3.2.1 ルートユーザーのアクセスキーの削除

　AWSでは、ユーザー（人）がダッシュボードなどを使って対話的に操作をする以外に、プログラムを通じてリソースを操作する仕組みも提供しています。ユーザーが操作するときにはIDとパスワードが使われますが、プログラムなどから操作する場合は**アクセスキー**と呼ばれる情報が利用されます。ルートユーザーは強力なアクセス許可を持つため、通常はルートユーザーの権限を使ってプログラムでAWSのリソースを操作することは推奨されません。そのため、ルートユーザーのアクセスキーはない状態にしておくべきです。

　幸いにも、通常の手順でアカウントを作成したときには、ルートユーザーにはアクセスキーは作成されません。しかし何らかの操作で誤ってアクセスキーを作成してしまった場合は、次の手順で削除します。

①「セキュリティ認証情報」の管理画面を開く

　まず、ルートユーザーで管理コンソール画面にログインします。画面上部の「＜AWSアカウント名＞▼」をクリックし、表示されたメニューの中から［セキュリティ認証情報］をクリックします（図3.6）。

図3.6「セキュリティ認証情報」メニューをクリック

39

②アクセスキーの削除

「セキュリティ認証情報」の管理画面（図3.7）を開いたら、アクセスキーの項目を開きます。ここから有効になっているアクセスキーを見つけ出し、[削除]をクリックします。

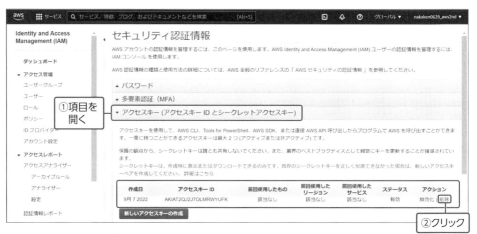

図3.7 アクセスキーの削除

　すると、アクセスキーを削除するための確認用のダイアログが開きます（図3.8）。アクセスキーが有効な状態の場合、まずアクセスキーを無効化する必要があります。ダイアログ内の[無効化]ボタンをクリックしてください。無効化に成功すると、確認のためのアクセスキーの入力と、削除ボタンが有効になります。アクセスキーを正しく入力してから[削除]ボタンをクリックしてください。

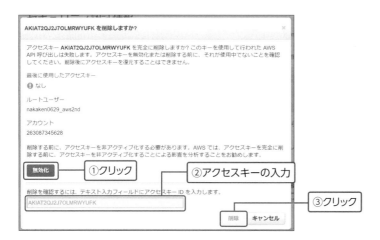

図3.8 アクセスキー削除のダイアログ

　アクセスキーのステータスが「削除済み」になりました（図3.9）。これで、ルートユーザーのアクセスキーが削除されました。なお、ステータスが「削除済み」のアクセスキーは、時間がたつと、アクセスキーそのものがなくなります（IDも削除され、この画面に表示されなくなります）。

アクセスキー AKIAT2QJ2J7OLMRWYUFK が削除されました						✕
作成日	アクセスキーID	前回使用したもの	前回使用したリージョン	前回使用したサービス	ステータス	アクション
9月 7 2022	AKIAT2QJ2J7OLMRWYUFK	該当なし	該当なし	該当なし	削除済み	

図3.9　「削除済み」のアクセスキー

3.2.2 　ルートユーザーのMFAを有効化

　初期の状態では、ルートユーザーはメールアドレスとパスワードの組み合わせだけでログインできます。これは、ルートユーザーの持つ権限の強力さに対して、相対的に安全な認証方法ではありません。そのため、もう少し安全な方法が必要となります。その方法としてAWSでは**MFA**が使われます。

> **NOTE**
>
> **MFA**
>
> セキュリティの世界では、認証を行うための要素を、以下の3種類に分類します。
>
> - **知る要素**：本人しか知らない情報（例：パスワード、暗証番号など）
> - **持つ要素**：本人しか持っていないもの（例：スマートフォン、クレジットカードなど）
> - **備える要素**：本人の生物学的要素（例：指紋、網膜など）
>
> これらの要素が1つだけ（たとえばパスワード）よりは、2つ以上の要素（たとえばパスワード、携帯電話の電話番号）を組み合わせたほうが、セキュリティ的に強力です。
> たとえば、クレジットカードの本人確認を「持つ要素」のみで行う場合、もしクレジットカードを落としてしまったら、それを拾った人が自由にクレジットカードを使えてしまいます。しかし「持つ要素＋知る要素」で本人確認を行う場合、落としたクレジットカードを拾っても、暗証番号がわからなければ使うことはできません。
> このように、複数の要素を組み合わせて認証を行うことを**MFA**（Multi-Factor Authentication：**多要素認証**）と呼びます。

　AWSでは、パスワード（知る要素）＋認証デバイス（持つ要素）の2つでMFAを行います。認証デバイスには、USBに接続するタイプや小型の機械のような専用のハードウェアもあります。しかし、現在広く普及しているスマートフォンを**仮想MFAデバイス**として使う方法がよく使われます。仮想MFAデバイスを使うと、あるスマートフォンでしか作成できない、極めて有効期間の短い（およそ1分くらい）暗証番号を生成できます（図3.10）。

　本書では、仮想のMFAデバイスを使った方法について説明していきます。

図3.10　仮想MFAデバイスの例

①認証用スマートフォンにMFA用アプリをインストール

　まず、認証で利用するスマートフォンに、MFA用のアプリをインストールしてください。執筆時点では次のアプリが公式に対応しているので、このどれか1つをインストールします（筆者はTwilio Authy Authenticatorをインストールしましたが、どれでもかまいません）。

- Twilio Authy Authenticator
- Duo Mobile
- LastPass Authenticator
- Microsoft Authenticator
- Google Authenticator（Google認証システム）
- Symantec VIP

NOTE

公式対応のMFA用アプリ

執筆時点では、次のドキュメントの「MFA とは」→「仮想 MFA デバイス」の「多要素認証」リンク先の「Virtual authenticator apps」に記載されています。

▼**AWS での多要素認証（MFA）の使用**
　WEB https://docs.aws.amazon.com/ja_jp/IAM/latest/UserGuide/id_credentials_
　　mfa.html

②「セキュリティ認証情報」の管理画面を開く

　インストールが終わったら、AWSにルートユーザーでログインして管理コンソールを開きます。次に、画面上部の「＜AWSアカウント名＞▼」をクリックし、表示されたメニューから「セキュリティ認証情報」をクリックします（図3.11）。

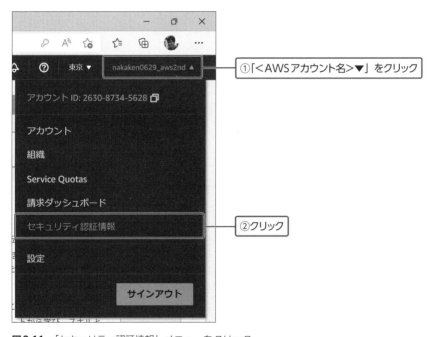

図3.11　「セキュリティ認証情報」メニューをクリック

43

③ MFAの有効化

「セキュリティ認証情報」画面が開くので、「多要素認証（MFA）」項目を開き、[MFA
の有効化] ボタンをクリックします（図3.12）。

図3.12　MFAの有効化

④ MFAデバイスの種類を選択

　次にMFAデバイスの種類を選択します。本書ではスマートフォンを「仮想MFAデバイ
ス」として利用するため、「仮想MFAデバイス」を選択して [続行] ボタンをクリックし
ます（図3.13）。

図3.13　MFAデバイス種類の選択

(●) ⑤仮想MFAデバイスの設定

　次に仮想MFAデバイスの設定を行います（図3.14）。まず、管理コンソール画面上に表示されたQRコードを、スマートフォン（仮想MFAデバイス）で読み込みます。すると、スマートフォン上にログインに使うためのMFAコードが表示されるので、これを管理コンソール画面のMFAコード欄に入力します。なお、スマートフォン上では1つ目のコードが表示されてから、次の2つ目のコードが表示されるまで、数十秒〜1分ほどかかります。

　管理コンソール画面に2つ目のコードを入力したら［MFAの割り当て］ボタンをクリックします。

図3.14　MFAコードの入力

　これで、仮想MFAデバイスが正常に割り当てられました（図3.15）。

図3.15　MFA有効化が成功

3.2.3　個々のIAMユーザーの作成

ルートユーザーは強力な権限を持っているため、日常的に開発の操作を行うための一般ユーザーである**IAMユーザー**を作成します。

①IAMのダッシュボードで「ユーザーの追加」を行う

まず、ルートユーザーでログインして管理コンソール画面を開きます。次に画面上部の「サービス」から、IAMのダッシュボード（図3.16）を開きます。

そして、画面左にある「アクセス管理」→「ユーザー」をクリックし、画面右上部の［ユーザーを追加］ボタンをクリックします（図3.17）。

図3.16　IAMのダッシュボード

図3.17　IAMのダッシュボードの「アクセス管理」→「ユーザー」

②ユーザー詳細の設定

「ユーザーを追加」画面の「ユーザー詳細の設定」で、作成するIAMユーザーの情報を入力します（図3.18）。ユーザー名には、他のユーザーと重複しない名前を入力します。アクセスの種類は表3.1を参考にしてチェックを入れます。少なくともどちらかにはチェックを入れる必要があります。

ここでは、ルートユーザーの代わりに管理コンソールで作業するIAMユーザーを作成するので、「AWSマネジメントコンソールへのアクセス」にチェックを入れます。

IAMユーザーの情報を入力したら、[次のステップ：アクセス権限] ボタンをクリックします。

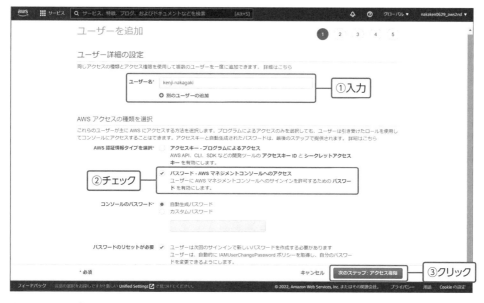

図3.18　ユーザー詳細の設定

表3.1　アクセスの種類

アクセスの種類	説明	主な対象
プログラムによるアクセス	AWSが提供するAPIやSDKなどを使って、直接リソースを操作するユーザー	プログラム
AWS マネジメントコンソールへのアクセス	コンソール画面を通してリソースを操作するユーザー	人間

③アクセス許可の設定

　「アクセス許可の設定」では、IAMユーザーに対してアクセス許可を付与します。次節で説明するグループをあらかじめ作成していたら、IAMユーザーをグループに追加することもできます。また、ここでグループを同時に作成することもできます。

　ここでは、IAMユーザーの作成とグループの作成を分けて説明するため、このままの設定で［次のステップ：タグ］ボタンをクリックします（図3.19）。

図3.19　アクセス許可の設定

④タグの追加

　「タグの追加（オプション）」では、指定した名前以外のユーザーを区別する情報を追加します。特にIAMユーザーを数百人規模で登録する場合は、名前だけではなく部署名や役割などを使うことで、管理が楽になることがあります。

　ここでは、何も指定せず、このまま［次のステップ：確認］ボタンをクリックします（図3.20）。

図3.20　タグの追加（オプション）

⑤確認

　最後に、これまで選択／入力した内容の確認を行います。間違いがなければ［ユーザーの作成］ボタンをクリックします（図3.21）。

図3.21　確認

これでIAMユーザーが作成されました（図3.22）。必要があれば、「Eメールの送信」をクリックして、このIAMユーザーの利用者にログイン方法を伝えます。

図3.22　IAMユーザーが作成された

> **注意**
>
> IAMユーザーでも、ルートユーザー同様にMFAを有効化できます。インフラの安全性を高めるためにも、可能であればMFAを有効化しておきましょう。

3.2.4 グループを使用した アクセス許可の割り当て

効率的にもれなくユーザーにアクセス許可を与えるため、グループを使ったアクセス許可の割り当てを行います。

①IAMのダッシュボードで「新しいグループの作成」を行う

まず、ルートユーザーでログインして管理コンソール画面を開きます。次に画面上部の「サービス」から、IAMのダッシュボード（図3.16）を開きます。

そして、画面左にある「アクセス管理」→「ユーザーグループ」をクリックし、画面右上部の［グループを作成］ボタンをクリックします（図3.23）。

図3.23 IAMのダッシュボードの「アクセス管理」→「ユーザーグループ」

②ユーザーグループを作成

グループ名を入力します（図3.24）。グループはアクセス許可を管理することを考えると、どのような役割を持っているかがわかりやすい名前にするのがよいでしょう。ここでは、「Developers」（開発者）という名前を入力します。

この手順を行う前にユーザーを作成している場合、ここでユーザーを追加することができます。追加したいユーザーのチェックボックスを選択してください。なお、グループ作成後でもユーザーを追加することは可能です。

名前を入力してユーザーを選択したら、画面を下にスクロールします。

図3.24 グループ名の設定とユーザーの追加

51

　次にグループにアクセス許可を与えます。AWSではとてもたくさんのリソースが用意されているので、それぞれに対して個別にアクセス許可を与えるのは現実的ではありません。代わりに複数のリソースへのアクセス許可を束ねた**ポリシー**というものが用意されています。このポリシーをグループに対してアタッチ（設定）します。

　ポリシーは独自に作ることもできますが、あらかじめ用意されているポリシーを使うほうが便利です。ここでは、**PowerUserAccess**と**IAMFullAccess**を指定します（図3.25）。フィルターにポリシー名の一部を入れると、見つけやすくなります。

 NOTE

PowerUserAccessとIAMFullAccess

PowerUserAccessポリシーは、AWS内のリソースへの全アクセス許可を持ちます。また、IAMFullAccessポリシーは、IAMに関する全アクセス許可を持ちます。しかし、いずれのポリシーもAWSアカウントそのものの解約などはできないので、ルートユーザーよりは安全です。

　ポリシーの設定を行ったら［グループを作成］ボタンをクリックします。

図3.25 ポリシーのアタッチ

③グループにユーザーを追加

　これでグループが作成されました。「②ユーザーグループを作成」でユーザーを追加していなかったり、グループ作成後にユーザーを作成した場合は、次の手順でグループにユーザーを追加します。まず、IAMユーザーを追加するグループをクリックします（図3.26）

図3.26　追加するグループの指定

　次に、［ユーザーを追加］ボタンをクリックします（図3.27）。

図3.27　追加するグループの指定

するとグループに属していないユーザーの一覧が表示されるので、追加したいユーザーを選択して、[ユーザーを追加]ボタンをクリックします（図3.28）。これでグループにユーザーが追加されました。

図3.28　グループに属していないユーザーの一覧

3.2.5 　 IAMパスワードポリシーの適用

最後にパスワードポリシーを設定します。安易なパスワードが使われないように、パスワードの内容や期限に制限を加えます。

① IAMのダッシュボードで「パスワードポリシー設定」を行う

まず、ルートユーザーでログインして管理コンソール画面を開きます。次に画面上部の「サービス」から、IAMのダッシュボード（図3.16）を開きます。

そして、画面左にある「アクセス管理」→「アカウント設定」をクリックし、画面右の[パスワードポリシーを変更する]ボタンをクリックします（図3.29）。

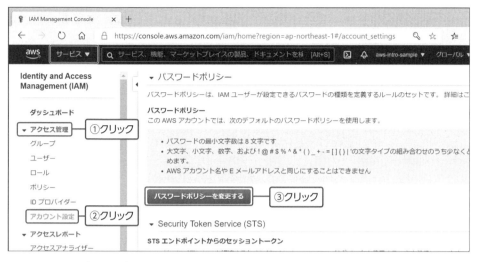

図3.29　IAMのダッシュボードの「アクセス管理」→「アカウント設定」

②パスワードポリシーを設定する

　次にパスワードポリシーを設定します（図3.30）。所属する組織のポリシーがあれば、それに従います。なければ、「できる限り長く、複雑にし、絶対に使い回さない」など一般的に安全と思われるパスワードの条件を参考に設定します。ここでは、「1つ以上の英小文字および数字の混在で10桁」としています。

NOTE

一般的に安全と思われるパスワードの条件

安全なパスワードの定義は、時代にあわせて変わっていきます。IPA（情報処理推進機構）などでは、時代に即した安全なパスワードのルールを公開しているので、参考にするとよいでしょう。

▼安全なウェブサイトの運用管理に向けての20ヶ条（IPA）
　WEB https://www.ipa.go.jp/security/vuln/websitecheck.html

▼チョコっとプラスパスワード（IPA）
　WEB https://www.ipa.go.jp/chocotto/pw.html

　設定が終わったら［変更の保存］ボタンをクリックします。

図3.30 パスワードポリシーを設定する

これで、パスワードポリシーの設定が完了しました（図3.31）。

図3.31 パスワードポリシーの設定完了

これで、本書で提案するセキュリティ設定が完了しました。繰り返しになりますが、これで100%安全な状態になったわけではありません。作るアプリや運営する組織にあわせて、さらに必要なセキュリティ項目の設定を行ってください。

次の章からいよいよアプリを動作させるインフラを作成していきます。

第 4 章

仮想ネットワークを作ろう

　ここまでの手順で、AWSで作業をするための準備が整いました。ここから本格的に、AWSのリソースを作成していきます。まずは、インフラ管理者が自由にいろいろなサーバーを構築できる「ネットワーク」から作成します（図4.1）。

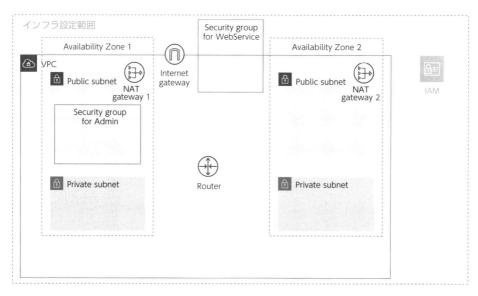

図4.1　第4章で作成するリソース

> **注意**
>
> この章で作成する「NATゲートウェイ」およびその作成過程で作成される「Elastic IP」は、1時間単位で使用料がかかります。学習が終了したら巻末付録の「リソースの削除方法」で説明する手順にそってリソースを削除してください。

4.1　ネットワーク

　「ネットワーク」は、IT業界だけではなく普段の生活でも使われるくらい、一般的な用語です。そのため「ネットワーク」という言葉を使うときには、具体的な内容を定義したうえで話を進めていく必要があります。

　ここでは**ネットワーク**を「インフラ管理者が主体となって管理する場所」と定義しま

す。図4.2を見てください。さまざまなサーバーやインフラ機器、そしてそれらを結ぶ
ケーブルは、ネットワークの管理者によって用意されます。そしてネットワーク内の機器
は、お互い自由に通信できます。このようなネットワークを**LAN**（Local Area Network）
と呼ぶこともあります。

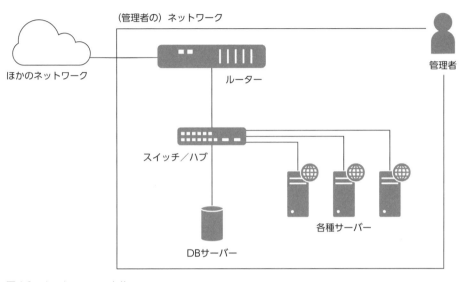

図4.2 ネットワークの定義

4.2 VPC

4.2.1 VPCとは？

クラウドを使わないネットワークでは、サーバーやネットワーク機器、そしてそれらを
つなぐケーブルなどは、すべて物理的なもので構築する必要がありました。特に高価な
ネットワーク機器は数百万円もするものもあり、簡単には構築できませんでした。

AWSでネットワークを構築するときには、**VPC**（**Amazon VPC**：Amazon Virtual
Private Cloud）という仕組みを使うことができます（図4.3）。Virtualとは「仮想」と
いう意味です。AWSのデータセンターにある専用の機器上で、サーバーやネットワーク
機器が持つ機能をエミュレートするソフトウェアを動かして、物理的な機器を使わずに仮

想のネットワークを構築できます。そのため、機器の追加や削除はソフトウェアの起動や停止と同じくらい、簡単に行うことができます。

　VPC同士は独立しているので、お互いが影響しあうことがないようになっています。

Internet

VPCの中に、
ネットワーク機器に相当する
リソースを追加していく

図4.3　VPC

NOTE

クラウド（AWS）を構成するネットワーク機器

AWSのデータセンターで稼働する具体的な機器情報は非公開ですし、通常は気にする必要もありません。ただし、非常に信頼性を必要とするネットワークを構築するときには、その情報を予測して設定を行うこともあります。あるいは追加の料金を払って、作成するネットワーク専用の機器を用意することもできます。

4.2.2 作成内容

VPCを作成するには、事前にネットワークの情報を決めておく必要があります。ここでは、表4.1のような項目／値で構築します。

表4.1 VPCの設定項目

項目	値	説明
名前タグ	sample-vpc	VPCを識別するための名前
IPv4 CIDRブロック	10.0.0.0/16	VPCで使用するプライベートネットワークのIPv4アドレスの範囲
IPv6 CIDRブロック	IPv6 CIDRブロックなし	VPCで使用するプライベートネットワークのIPv6アドレスの範囲
テナンシー	デフォルト	VPC上のリソースを専用ハードウェア上で実行するかどうか

NOTE

IPアドレスとCIDR

IPアドレスは、ネットワーク上の機器が通信するときの宛先となる情報。現実世界の電話番号のようなものです。

CIDRは、IPアドレスを管理する範囲を決める方法の1つ。現実世界で電話番号を市外局番、市内局番、加入者番号で区切って管理するようなものです。

名前タグ

VPCを識別しやすくするため、わかりやすい名前をつけます。あとから変更できるので、あまり深く考えずに名前をつけてよいでしょう。

IPv4 CIDRブロック

VPCで使用するプライベートネットワーク用のIPアドレスの範囲を指定します。プライベートネットワークで使えるIPアドレスの範囲は、次の3つが用意されています。

- 24ビットブロック（10.0.0.0〜10.255.255.255）
- 20ビットブロック（172.16.0.0〜172.31.255.255）
- 16ビットブロック（192.168.0.0〜192.168.255.255）

　一般的には、IPアドレスの範囲が広いほうが、同じネットワーク内にたくさんのIPアドレスを用意できます。しかしVPCで指定できるサブネットマスクは**最大16ビットまで**となっているので、どの範囲を使っても変わりはありません。管理しやすいIPアドレスの範囲を選択してください。

注意

筆者の場合、複数のIPアドレスの範囲が管理しやすくなるので、24ビットブロック（10.0.0.0～10.255.255.255）を16ビット単位で分割したものをよく利用しています。

NOTE

最大16ビットなのはなぜ？

たとえば、24ビットブロックでサブネットマスクを最大の範囲が取れる8ビット（10.0.0.0/8）とした場合、10.0.0.0～10.255.255.255の最大16,777,216個のアドレスが使えます。しかしVPCで割り当てられるサブネットマスクは16ビット（10.0.0.0/16）以下にしかできないという制限があります。そのため、たとえば、1つのVPC内部では10.0.0.0～10.0.255.255のように65,536個のアドレスしか利用できません。これが「最大16ビット」の理由です。

IPv6 CIDRブロック

　VPCでIPv6のアドレスを使うかどうかを指定します。特別な意図がない限りは、「なし」でよいでしょう。

テナンシー

　VPC上のリソースを専用ハードウェアで実行するかどうかを指定します。「デフォルト」にした場合は、他のAWSアカウントとハードウェア資源を共有することを選択したことになります。通常の利用ではほとんど問題ありませんが、特に信頼性を重要視するシステムの場合は「専用」にすることも検討します。ただし「専用」にした場合は、追加のコストがかかります。

4.2.3 🔷 VPCの作成手順

それでは、AWSマネジメントコンソールからVPCを作成してみましょう。

🔔 注意

「3.1.3　ルートユーザー」で説明したように、通常のインフラ構築作業では（ルートユーザーではなく）IAMユーザーを使うことが推奨されています。もしルートユーザーでサインインしている場合は、一度サインアウトした後に、「3.2.3　個々のIAMユーザーの作成」で作成したIAMユーザーでサインインしなおしてから、以下の作業を進めてください。なお、サインイン用のURLは、IAMのダッシュボードの「このアカウントのIAMユーザーのサインインURL」に用意されています（p.46の図3.16）。

まず、コンソール画面の左上にある「サービス」メニューから、VPCのダッシュボードを開きます。そこから［VPCを作成］をクリックします（図4.4）。

図4.4　VPCの作成開始

🔔 注意

何もしない状態でも、すでにVPCが1つ存在しています。これは**デフォルトVPC**です。デフォルトVPCは、2013年12月4日以降にAWSアカウントを契約した場合、すべてのAWSリージョンに用意されます。デフォルトVPCは、ブログやシンプルなWebサイトを今すぐ作りたいという利用者のニーズに応えるために、あらかじめ簡易な設定を済ませたVPCとなっています。特にコストがかかるものではないので残しておいてもよいですし、不要なリソースが気になるなら削除してしまっても大丈夫です。
本書では、デフォルトVPCは使用しません。

「VPCを作成」という画面が表示されます。まず、「作成するリソース」では［VPCのみ］を選択します。すると「VPCの設定」というカテゴリが表示されるので、設定項目を表4.1のように入力／選択します（図4.5）。

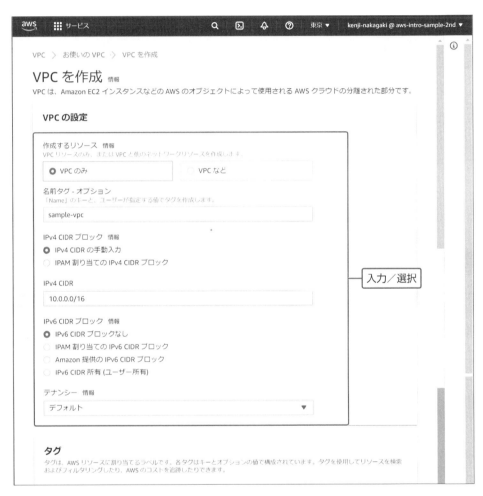

図4.5 VPCの設定

この画面にはもう1つ「タグ」というカテゴリもあります。名前タグ（Name）を指定すると、「Name」というタグが自動で設定されますが、この設定は変更しません。また、その他の項目は何も入力しません。

入力／選択が終わったら、画面を一番下にスクロールして［VPCを作成］ボタンをクリックします（図4.6）。

図4.6 VPCの作成

これでVPCが作成されました（図4.7）。

図4.7 作成されたVPC

 NOTE

リソースの名前のつけ方

さまざまなリソースに名前をつけることになるので、命名規則を作っておくと悩むことが少なくなります。本書では、次のような命名規則で名前をつけることにします。

> システム名 – リソース名（– リソース識別子）

例 sample-vpc、sample-ec2-web01、sample-elb

> **注意**
>
> 図4.5の「作成するリソース」で［VPCなど］を選択すると、以降に説明するリソースなどを合わせて作成することができます。しかし、それらのリソースの設定はデフォルト値が使われるため、設定値の意味などがわからないと何が設定されたのかがわからなくなってしまいます。
>
> 本書では手間はかかりますが1つずつ設定する方法で説明していきます。［VPCなど］は慣れてきてから利用するようにしましょう。

4.3 サブネットとアベイラビリティーゾーン

4.3.1 サブネット、アベイラビリティーゾーンとは？

　VPCの中には、1つ以上のサブネットを作成する必要があります。**サブネット**とは、VPCのIPアドレスの範囲を分割する単位です。IPアドレスの範囲を分割する理由はいくつかありますが、主なものは以下の2つです。

- **役割の分離**：外部に公開するリソースかどうかを区別するため
- **機器の分離**：AWS内での物理的な冗長化を行うため

役割の分離

　リソースが果たす役割によって分離を行います。システムを構築するときには、さまざまなリソースを組み合わせて構築します。たとえば、リソースの1つであるロードバランサーは、公開することを目的としているため、外部からアクセスできる必要があります。逆にDBサーバーは、VPC内のサーバーから使われることを前提としているので、外部に公開することは避けるべきです。このようなルールをリソース1つ1つに対して割り当てるのではなく、リソースが含まれるグループ全体に対して割り当てると、設定漏れなどを防ぐことができます。

機器の分離

　耐障害性を高めるために分離を行います。**耐障害性**とは、ハードウェア故障など不測の事態により、システムそのものが使えなくなってしまうことを防ぐ能力です。クラウドといえども、最終的にはどこか物理的な機器の上で動作します。たとえサブネットが複数存在していても、そのサブネットが同じ機器上にあれば、機器の故障によって一度にサブネット内のリソースが使えなくなります。

　VPCには、**アベイラビリティーゾーン**（各リージョン内の複数の独立した場所）という概念があります。異なるアベイラビリティーゾーンは独立していることが保証されているため、アベイラビリティーゾーンごとにサブネットを用意すれば複数のサブネットが同時に使えなくなるという可能性を下げることができます。

　本書では、2つのアベイラビリティーゾーンのそれぞれに外部用（Public）と内部用（Private）のサブネットを用意します（図4.8）。

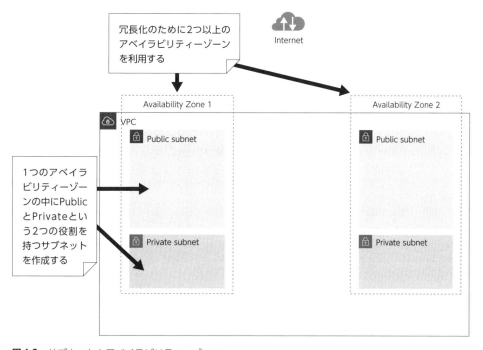

図4.8　サブネットとアベイラビリティーゾーン

> **NOTE**
>
> **AWSの障害**
>
> 世界のどこかで年に1回程度は大規模なAWSの障害が発生しています。日本でも2019年8月23日に、数時間にわたり特定のアベイラビリティーゾーンが動作しなくなる大きな障害が発生しました。障害の原因は、施設内の冷却装置の故障といわれています。このときも、アベイラビリティーゾーンを複数にまたがっているサービスは、被害を最小限に食い止めることができていました。できる限りアベイラビリティーゾーンを複数にまたがるようにインフラを構築することが、障害に強いサービスを作るためには必要です。

4.3.2 IPv4 CIDRの設計方法

　サブネットを一度作成してしまうと、サブネットが利用するCIDRブロックは変更できません。そのため、はじめにしっかりとCIDRを設計する必要があります。設計にあたっては、次の2点に気をつける必要があります。

- 作成するサブネットの数
- サブネット内に作成するリソースの数

　これらの2つはトレードオフの関係にあります。つまり、作成するサブネットの数を増やすと、サブネット内のリソースの数は減ります。たとえば、10.0.0.0/16というCIDRブロックを持つVPCには、表4.2のようなCIDRブロックを持つサブネットを作成できます。

表4.2　サブネットのCIDR設計方針の例

サブネットのCIDRブロック	サブネット数	リソース数
00001010.00000000.XXXXXXXX.XXXXXXXX VPC16bit　サブネット8bit　リソース8bit	256	251
00001010.00000000.XXXX XXXX.XXXXXXXX VPC16bit　サブネット4bit　リソース12bit	16	4091
00001010.00000000.XX XXXXXX.XXXXXXXX VPC16bit　サブネット2bit　リソース14bit	4	16379

NOTE

サブネット内のリソース数

リソース数は、理論的な最大値からAWSが予約している5つを引いたものとなっています。

　一般的には、サブネット数とリソース数のそれぞれに余裕を持たせた設計がよいでしょう。本書では、VPCで16bit、サブネットで4bit、合わせて20bitをサブネットのCIDRブロックのサブネットマスクとしました。そして、4つのサブネットをそれぞれ表4.3のように設計しています。

表4.3 本書のサブネットのCIDR設計

サブネット	CIDRブロック
public01	00001010.00000000.0000XXXX.XXXXXXXX （10.0.0.0/20）
public02	00001010.00000000.0001XXXX.XXXXXXXX （10.0.16.0/20）
private01	00001010.00000000.0100XXXX.XXXXXXXX （10.0.64.0/20）
private02	00001010.00000000.0101XXXX.XXXXXXXX （10.0.80.0/20）

　サブネットは最大16個作成できますが、ここではそのうちの4つを使います。サブネット内には4091個のリソースを作成できるため、通常利用するには十分すぎる範囲となります。

4.3.3 作成内容

　それでは、作成するサブネットを確認しましょう。本書のサンプルでは、以下の2つの組み合わせで、合計4つのサブネットを作成します（図4.9）。

- 外部に公開する（パブリック）／しない（プライベート）
- 冗長化する

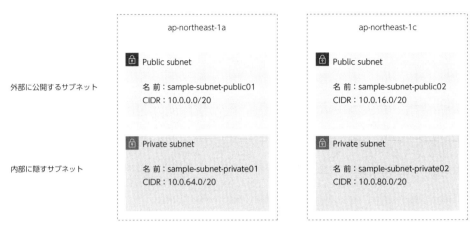

図4.9　本書で作成するサブネットの構成

それぞれのサブネットを作るために必要な情報は、表4.4の通りです。

表4.4　4つのサブネットを作成するために必要な情報

対象	項目	値	説明
外部サブネット1	VPC ID	VPCのID	サブネットを作成するVPC
	サブネット名	sample-subnet-public01	サブネットごとにつける名前
	アベイラビリティーゾーン	ap-northeast-1a	用意されているアベイラビリティーゾーン
	IPv4 CIDRブロック	10.0.0.0/20	VPCのIPアドレスの範囲に収まる範囲
外部サブネット2	VPC ID	VPCのID	同上
	サブネット名	sample-subnet-public02	
	アベイラビリティーゾーン	ap-northeast-1c	
	IPv4 CIDRブロック	10.0.16.0/20	
内部サブネット1	VPC ID	VPCのID	同上
	サブネット名	sample-subnet-private01	
	アベイラビリティーゾーン	ap-northeast-1a	
	IPv4 CIDRブロック	10.0.64.0/20	
内部サブネット2	VPC ID	VPCのID	同上
	サブネット名	sample-subnet-private02	
	アベイラビリティーゾーン	ap-northeast-1c	
	IPv4 CIDRブロック	10.0.80.0/20	

VPC IDでは、サブネットを作成するVPCのIDを選択します。

サブネット名は、サブネットにつける名前です。わかりやすい名前をつけておきます（あとで変更もできます）。

アベイラビリティーゾーンは、サブネットを作成するアベイラビリティーゾーンを選択します。リージョンごとに選択できるアベイラビリティーゾーンは決まっています。

IPv4 CIDRブロックには、サブネットに指定できるIPアドレスの範囲を指定します。この範囲は、VPCの作成時に指定した範囲に収まっている必要があります。

> **！注意**
>
> アベイラビリティーゾーンを選択するときに、名前（「ap-northeast-1a」など）の隣にID（「apne1-az1」など）が表示されます（図4.A）。このとき「apne1-az3」というIDを持つものは古いアベイラビリティーゾーンで、このあとで説明するいくつかの機能が使えないという制限があります。名前とIDの対応は、AWSアカウントごとに異なる場合があります。もし、本書内で指定したアベイラビリティーゾーンがこのIDを持っていた場合、他のアベイラビリティーゾーンを使うように変更してください。
>
>
>
> **図4.A** アベイラビリティーゾーンとID

4.3.4 サブネットの作成手順

それでは、AWSマネジメントコンソールからサブネットを作成してみましょう。

VPCのダッシュボードから「サブネット」の画面を開き、［サブネットを作成］ボタンをクリックします（図4.10）。

図4.10　サブネットの作成開始

　注意

Nameが「−」となっているサブネットは、デフォルトVPCに属するサブネットです。本書では、このサブネットは利用しません。

　次にサブネットの作成に必要な情報を入力します。表4.4に挙げた1つ目のサブネット情報を選択／入力してください（図4.11）。

　すべての情報を入力したら、一番下に画面をスクロールして［サブネットを作成］ボタンをクリックします（図4.12）

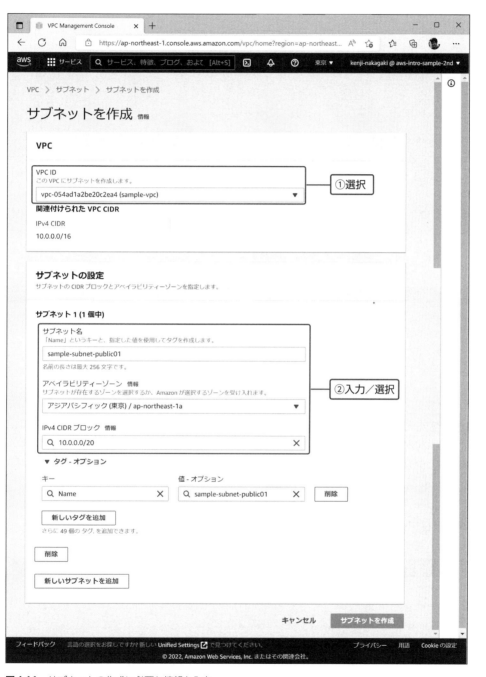

図4.11　サブネットの作成に必要な情報を入力

図4.12　サブネットの作成

これでサブネットが作成されました（図4.13）。

図4.13　作成されたサブネット

ここでは、合計4つのサブネットを作成します。表4.4をもとに、この作業をあと3回
繰り返して残り3つのサブネットも作成してください（図4.14）。

図4.14　完成した4つのサブネット

注意

図4.12で［新しいサブネットを追加］ボタンを使うと、複数のサブネットを同時に作成することができます。

4.4 インターネットゲートウェイ

4.4.1 インターネットゲートウェイとは？

インターネットゲートウェイとは、VPCで作成されたネットワークとインターネットの間の通信を可能にするためのものです。インターネットゲートウェイがないと、インターネットとVPC内のリソースが相互に通信できません（図4.15）。

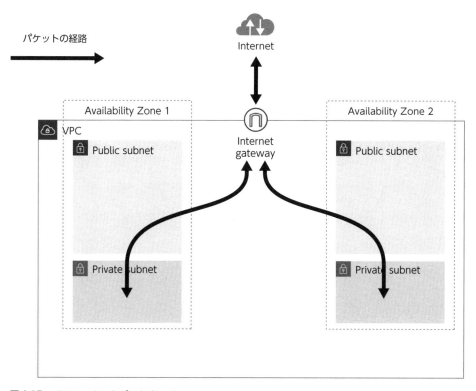

図4.15 インターネットゲートウェイ

4.4.2 作成内容

それでは、作成するインターネットゲートウェイを確認しましょう。インターネットゲートウェイに設定する項目は、表4.5の通りです。

表4.5 インターネットゲートウェイの設定項目

項目	値	説明
名前タグ	sample-igw	インターネットゲートウェイにつける名前
VPC	sample-vpc	インターネットゲートウェイをアタッチするVPC

名前タグは、インターネットゲートウェイにつける名前です。わかりやすい名前をつけておきます（あとで変更できます）。

また、VPCにインターネットゲートウェイを用意することを**アタッチする**といいます。

4.4.3 インターネットゲートウェイの作成手順

それでは、AWSマネジメントコンソールからインターネットゲートウェイを作成してみましょう。

VPCのダッシュボードから「インターネットゲートウェイ」の画面を開きます。次に［インターネットゲートウェイの作成］ボタンをクリックします（図4.16）。

図4.16 インターネットゲートウェイの作成開始

注意

初めて作業するときにすでに存在しているインターネットゲートウェイ（Nameが「−」）は、デフォルトVPCのものです。

次に「インターネットゲートウェイの作成」という画面が表示されます。まず、「インターネットゲートウェイの設定」というカテゴリへ移動し、名前タグ（sample-igw）を入力します（図4.17）。

図4.17 インターネットゲートウェイの設定

この画面にはもう1つ「タグ」というカテゴリもあります。名前タグを指定すると、「Name」というタグが自動で設定されますが、この設定は変更しません。また、その他の項目は何も入力しません。

入力が終わったら、画面を一番下にスクロールして［インターネットゲートウェイの作成］ボタンをクリックします（図4.18）。

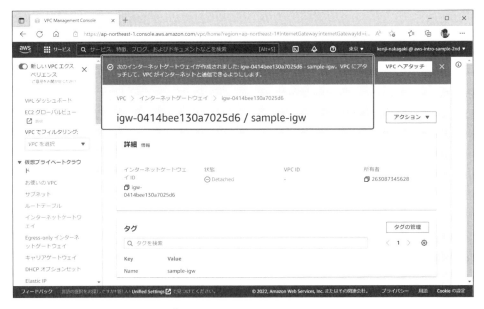

図4.18　インターネットゲートウェイの作成

これでインターネットゲートウェイが作成されました（図4.19）。

図4.19　作成されたインターネットゲートウェイ

VPCにアタッチ

　次に、作成したインターネットゲートウェイをVPCにアタッチします。作成したインターネットゲートウェイの右側にある「アクション ▼」から「VPCにアタッチ」を選択します（図4.20）。

図4.20　インターネットゲートウェイをVPCにアタッチ

 注意

インターネットゲートウェイを作成した直後に表示される［VPCへアタッチ］というボタン（図4.19上部）をクリックしても同じ作業の流れになります。

次に、インターネットゲートウェイをアタッチするVPCを選択します（図4.21）。

図4.21　アタッチするVPCを選択

　選択が終わったら［インターネットゲートウェイのアタッチ］ボタンをクリックします（図4.22）。

図4.22　インターネットゲートウェイのアタッチ

これでインターネットゲートウェイがVPCにアタッチされました（図4.23）。

図4.23　アタッチ後のVPC（状態が「Attached」）

4.5.1　NATゲートウェイとは？

　インターネットゲートウェイの役割は、「VPCで作成されたネットワークとインターネットとの間の通信を行う」ことです。このとき、VPCで作成されたネットワークの中に作成されるリソースは外部のネットワークと直接通信を行うため、パブリックIPを持っ

ている必要があります。しかしパブリックIPを持つということは、インターネットに直接公開されている状態になるため、せっかくサブネットをパブリック（外部に公開）とプライベート（外部に公開しない）に分けた意味がなくなってしまいます。

　プライベートサブネットに作成されたリソースは、インターネットに出ていく必要はあってもインターネットからはアクセスされたくありません。このような要求を実現するために **NAT**（ネットワークアドレス変換）という仕組みが存在します。そしてAWSには、このNATを実現するために **NATゲートウェイ** が用意されています。NATゲートウェイは、パブリックなサブネットに対して作成します（図4.24）。冗長性を確保するために複数のNATゲートウェイを作成することが推奨されます。しかし1つ1つにコストがかかるので、1つのNATゲートウェイだけ用意して運用することもできます。

　なお本書では、図4.24のように2つのパブリックサブネットにそれぞれNATゲートウェイを作成します。

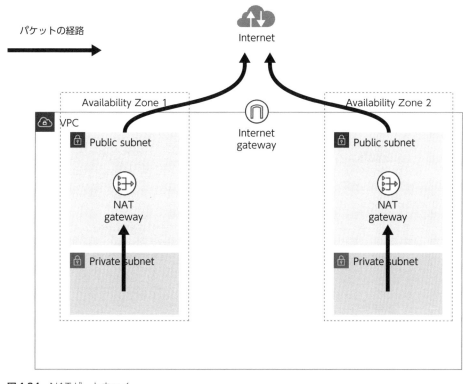

図4.24　NATゲートウェイ

> **NOTE**
>
> **Elastic IP**
>
> AWSでは、リソースにパブリックIPを直接持たせることはできません。その代わりに
> AWSには、パブリックIPを管理する**Elastic IP**という機能があります。AWSでElastic IP
> を作成すると、AWSからパブリックIPが割り当てられます。このElastic IPをリソースに
> 割り当てることで、リソースにパブリックIPを間接的に持たせることができます。

4.5.2　NATの仕組み

　NATゲートウェイの作成に入る前に、NATの動作について説明します。ここでは、
NATを現実世界のアパートに例えてみましょう。

　あるアパートには部屋が10部屋あり、それぞれに1号室から10号室まで「部屋番号」
が振られています（図4.25上）。アパートの住人（内部の人）同士は、この部屋番号だけ
で部屋を特定できます。しかしたとえばアパートの住人が手紙で外部の人と連絡をとりた
い場合、差出人の住所が部屋番号だけだと、手紙を受け取っても返事を書くことができま
せん。差出人の部屋を特定してもらうには、「アパートの住所＋部屋番号」という形式の
情報に変換する必要があります。また、外部からはアパートに何部屋あるかわからないの
で、直接アパートの部屋を特定して連絡することはできません。

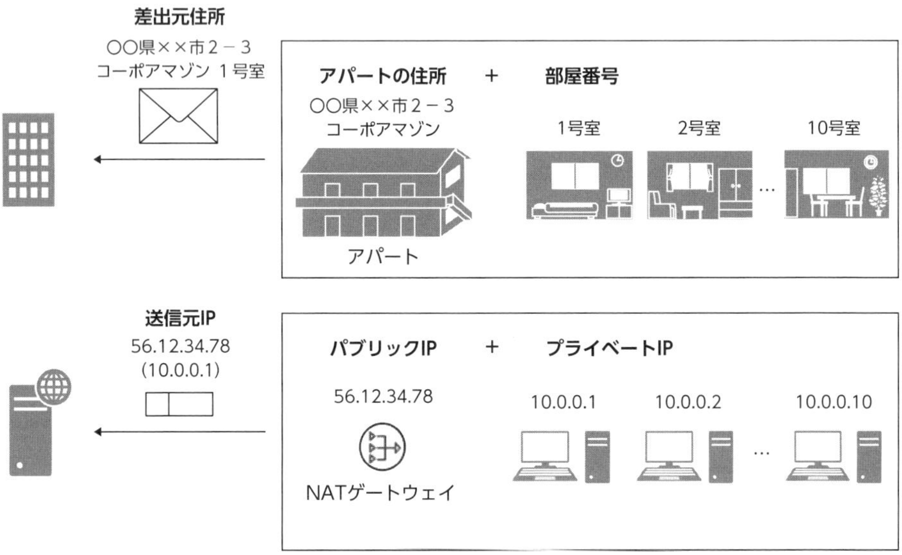

差出元住所
○○県××市2−3
コーポアマゾン　1号室

アパートの住所　＋　**部屋番号**
○○県××市2−3
コーポアマゾン

1号室　　2号室　　　10号室

…

アパート

送信元IP
56.12.34.78
(10.0.0.1)

パブリックIP　＋　**プライベートIP**

56.12.34.78　　10.0.0.1　　10.0.0.2　　10.0.0.10

…

NATゲートウェイ

図4.25　NATの仕組み

　これを実際のネットワークに置き換えると、それぞれの概念は表4.6のように対応します（図4.25下）。

表4.6　現実世界とNATの対応

現実世界	ネットワーク
アパート	NATゲートウェイ
アパートの住所	NATゲートウェイのパブリックIP
部屋番号	プライベートIP

　そして、内部から外部に通信を行うときに、部屋番号（プライベートIP）だけの情報を住所（パブリックIP）も含めた情報に変換するような仕組みのことを**NAT**（Network Address Translation：ネットワークアドレス変換）と呼びます。

4.5.3　作成内容

　それでは、作成するNATゲートウェイを確認しましょう。ここではパブリックサブネットが2つあるので、それぞれにNATゲートウェイを作成します（表4.7）。

表4.7　NATゲートウェイの設定項目

対象	項目	値	説明
NATゲートウェイ1	名前	sample-ngw-01	NATゲートウェイの名前
	サブネット	sample-subnet-public01	NATゲートウェイを作成するサブネット
	接続タイプ	パブリック	インターネットに接続する場合はパブリック、他のVPCに接続する場合はプライベート
	Elastic IP割り当てID	（自動生成）	NATゲートウェイに割り当てるElastic IP
NATゲートウェイ2	名前	sample-ngw-02	同上
	サブネット	sample-subnet-public02	
	接続タイプ	パブリック	
	Elastic IP割り当てID	（自動生成）	

　サブネットには、NATゲートウェイを作成するパブリックなサブネットを指定します。
　接続タイプについては、今回はインターネットに接続するためのNATなので、［パブリック］を選択します。Elastic IP割り当てIDには、NATゲートウェイに割り当てるElastic IPを指定します。事前に作成しておいた未使用のElastic IPを指定できるほか、次項でNATゲートウェイを作成する際に［Elastic IPの割り当て］でElastic IPを自動生

成することもできます。ここでは、Elastic IPを自動生成します。

 注意

自動生成したElastic IPは、NATゲートウェイの作成を中断したり、あるいは作成後に
NATゲートウェイを削除したりしても残ります。残ったElastic IPは、未使用の状態でも
使用料がかかります。NATゲートウェイを削除したときには、自動生成されたElastic IP
も削除するようにしてください。削除の方法はp.392を参照してください。

4.5.4　NATゲートウェイの作成手順

　それでは、AWSマネジメントコンソールからNATゲートウェイを作成してみましょう。
　VPCのダッシュボードから「NATゲートウェイ」の画面を開き、[NATゲートウェイ
を作成] ボタンをクリックします（図4.26）。

図4.26　NATゲートウェイの作成開始

　次にNATゲートウェイの情報を登録します。「NATゲートウェイの作成」という画面
が開くので、「NATゲートウェイの設定」というカテゴリへ移動し、設定項目を表4.7の
ように入力／選択します（図4.27）。

　名前には、NATゲートウェイの名前を入力します。

　サブネットには、NATゲートウェイを作成するパブリックサブネットを選択します。

　接続タイプには"パブリック"を選択します。Elastic IP割り当てIDには、Elastic IPの
アドレスを指定します。［Elastic IPを割り当て］をクリックして、Elastic IPの自動作成
と指定を同時に行います（別画面で事前にElastic IPを作成してあれば、それをドロップ
ダウンリストから選択することもできます）。

図4.27　NATゲートウェイの設定

　この画面にはもう1つ「タグ」というカテゴリもあります。NATゲートウェイの名前
を設定すると、「Name」というタグが自動で設定されますが、この設定は変更しません。
また、その他の項目は何も入力しません。

　入力／選択が終わったら、画面を一番下にスクロールして［NATゲートウェイを作成］
ボタンをクリックします（図4.28）。

図4.28　NATゲートウェイを作成

　これでNATゲートウェイの作成が完了です（図4.29）。なお、作成したNATゲートウェイは有効になるまで、少し時間がかかります。NATゲートウェイの一覧画面に戻ってステータスを確認してください。

図4.29　作成されたNATゲートウェイ

　表4.7をもとに、この作業をもう1回繰り返して残りのNATゲートウェイも作成してください（図4.30）。

図4.30　完成した2つのNATゲートウェイ

4.6 ルートテーブル

4.6.1 ルートテーブルとは？

　VPC上にサブネットを作成し、リソースを作成する場所が用意できました。そして、インターネットゲートウェイとNATゲートウェイも作成し、リソースがインターネットと通信をするための出入り口も作ることができました。

　しかしこのままの状態では、サブネット同士、あるいはサブネットと各ゲートウェイの間には、通信をするための経路（ネットワーク上の道のようなもの）がまだできていません。そのため、あるサブネットの中にあるリソースが、サブネット外のリソースにアクセスできません（図4.31）。

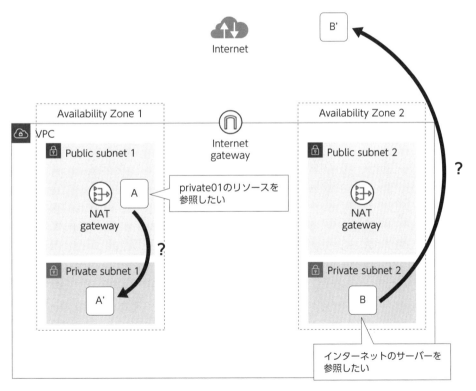

図4.31　ルートテーブルがない状態

　サブネット間の通信経路を設定するために、AWSには**ルートテーブル**という機能があります。ルートテーブルには、「このサーバーに接続するときにはここを経由する」といったルールをテーブルの形式で設定できます（図4.32）。

属するサブネット	Public Subnet 1, Public Subnet 2	
送信先	ターゲット	用途
10.0.0.0/16	Local	VPC内の他のリソース
0.0.0.0/0	Internet Gateway	その他すべての通信先

図4.32　ルートテーブルが持つ情報（テーブルのイメージ）

- **送信先**：どこに接続するかという情報。送信先は、IPアドレスを指定します。IPアドレスは特定のものを指定することもできますし、CIDR形式を使って範囲で指定することもできます。
- **ターゲット**：どこを経由するかという情報。ルートテーブルに指定できるターゲットはいくつかあります。よく使われるものを表4.8に示します。

表4.8　ルートテーブルの代表的なターゲット

ターゲット	用途
ローカル	同一VPC内のリソースにアクセスするとき
インターネットゲートウェイ	パブリックサブネットに作成されたリソースがインターネットのサーバーと通信するとき
NATゲートウェイ	プライベートサブネットに作成されたリソースがインターネットのサーバーと通信するとき
VPNゲートウェイ	VPNで接続された独自ネットワーク上のサーバーと通信するとき
VPCピアリング	接続を許可された他のVPC上のリソースと通信するとき

　本書のサンプルでは、パブリックとプライベートの2種類のサブネットを用意します。それぞれ2つのアベイラビリティーゾーンごとに作成するので、合計4つのサブネットが存在することになります。

　すべてのサブネットにルートテーブルを作成する必要があります。ただし、複数のサブネットが同じルートテーブルを共有することは可能です。これを踏まえ、以下のルートテーブルを作成します。

- **パブリックルートテーブル**：パブリックサブネット1、2共通
- **プライベートルートテーブル1**：プライベートサブネット1用
- **プライベートルートテーブル2**：プライベートサブネット2用

4.6.2 📦 作成内容

それでは、作成するルートテーブルを確認しましょう。3つのルートテーブルに設定する項目は、表4.9の通りです。

表4.9 ルートテーブルの設定（送信先／ターゲット）と設定項目

対象	項目	値			
パブリックサブネット用（共通）	名前タグ	sample-rt-public			
		サブカテゴリ	対象	項目	名前
		ルート	Local	送信先	10.0.0.0/16
				ターゲット	Local
			外部	送信先	0.0.0.0/0
				ターゲット	sample-igw
		サブネット	パブリックサブネット	サブネットID	sample-subnet-public01
					sample-subnet-public02
プライベートサブネット1用	名前タグ	sample-rt-private01			
		サブカテゴリ	対象	項目	名前
		ルート	Local	送信先	10.0.0.0/16
				ターゲット	Local
			外部	送信先	0.0.0.0/0
				ターゲット	sample-ngw-01
		サブネット	プライベートサブネット1	サブネットID	sample-subnet-private01
プライベートサブネット2用	名前タグ	sample-rt-private02			
		サブカテゴリ	対象	項目	名前
		ルート	Local	送信先	10.0.0.0/16
				ターゲット	Local
			外部	送信先	0.0.0.0/0
				ターゲット	sample-ngw-02
		サブネット	プライベートサブネット2	サブネットID	sample-subnet-private02

このようなルートテーブルを用意すると、通信は表4.10のルールで行われます（図4.33）。

表4.10　ルートテーブルの使われ方

通信内容	説明
A→A'への通信	リソースAはPublic Subnet 1にあるので、パブリックサブネット共通ルートテーブルを使用する（図4.33❶）。リソースA'はVPC内になるので、Localターゲットとしてアクセスする
B→Xへの通信	リソースBはPrivate Subnet 1にあるので、プライベートサブネット1用のルートテーブルを使用する（図4.33❷）。リソースXはVPCの外（インターネット）になるので、NATゲートウェイ1（図4.33中ではNAT gateway 1）経由でアクセスする
C→Xへの通信	リソースCはPrivate Subnet 2にあるので、プライベートサブネット2用のルートテーブルを使用する（図4.33❸）。リソースXはVPCの外（インターネット）になるので、NATゲートウェイ2（図4.33中ではNAT gateway 2）経由でアクセスする

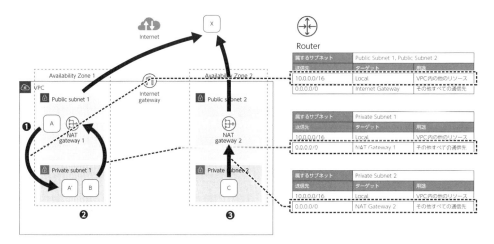

図4.33　ルートテーブルがある場合

これでVPC内外のリソースに対して通信ができるようになりました。

NOTE

ルーター

一般的なネットワーク設計では、ルートテーブルで行うような設定は「ルーター」という機器に対して行います。図4.33でもルートテーブルの情報を保存する場所としてルーター（Router）のアイコンを配置しています。しかし、AWSマネジメントコンソールからルーターを明示的に作成する必要はありません。ルートテーブルを作成すると、ルーターに相当するものが自動的にできあがります。

4.6.3 ルートテーブルの作成手順

それでは、AWSマネジメントコンソールからルートテーブルを作成していきます。

VPCのダッシュボードから「ルートテーブル」の画面を開き、[ルートテーブルの作成] ボタンをクリックします（図4.34）。

図4.34　ルートテーブルの作成開始

> **！ 注意**
>
> 初めて作業する状態では、デフォルトVPCに定義されている2つのルートテーブルがすでに存在しています。

次に新しいルートテーブルの基本的な情報を設定します。「ルートテーブルの作成」という画面が開くので、表4.9の項目を入力／選択してください（図4.35）。

- **名前**：ルートテーブルを識別しやすくするための名前をつけます（あとで自由に変えることができます）。ここでは、パブリックルートテーブルを作成するので、「sample-rt-public」と入力します。
- **VPC**：ルートテーブルを設定するサブネットが含まれるVPCを指定します。ここでは、4.2.3項で作成したVPC（sample-vpc）を選択します。

名前以外のタグは、今回は追加しません。設定が終わったら［ルートテーブルを作成］ボタンをクリックします。

図4.35　ルートテーブルの作成

これでパブリックルートテーブルが作成されました（図4.36）。

図4.36　作成されたルートテーブル

引き続きルートテーブルの内容を設定していきしょう。

もう一度、VPCのダッシュボードから「ルートテーブル」の画面を開きます。今作成したルートテーブルが表示されていることを確認してください。設定を行いたいルートテーブルをチェックします。するとルートテーブルの設定を行うタブが表示されるので、「ルート」タブを選択して［ルートを編集］ボタンをクリックしてください（図4.37）。

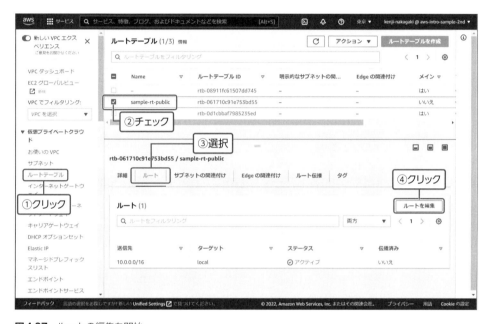

図4.37　ルートの編集を開始

送信先とターゲットを指定できる画面が開きます（図4.38）。ルートテーブルを作成すると、表4.9の2つの送信先／ターゲット設定のうち、「VPC内の他のリソースが送信先（10.0.0.0/16）のときにlocalをターゲットとして使う設定」がすでに作られています。そのため、残りの1つ「その他すべての送信先（0.0.0.0/0）のときにインターネットゲートウェイをターゲットとして使う設定」を追加します。［ルートの追加］ボタンをクリックすると新しい行が追加されるので、送信先に「0.0.0.0/0」を入力し、ターゲットは「sample-igw」を選択してください。

追加できたら、［変更を保存］ボタンをクリックします。

図4.38　ルートの編集／保存

　次にルートテーブルが属するサブネットを指定します。「サブネットの関連付け」タブを選択して、［サブネットの関連付けを編集］ボタンをクリックしてください（図4.39）。

図4.39　サブネットの関連付けの編集開始

　編集中のルートテーブルが属するサブネットを指定します（図4.40）。サブネットは複数指定することもできます。ここで作成したパブリックルートテーブルでは、sample-subnet-public01（10.0.0.0/20）とsample-subnet-public02（10.0.16.0/20）に関連付けるため、この2つのサブネットにチェックを入れます。

　関連付けるサブネットにチェックを入れたら、［関連付けを保存］ボタンをクリックします。

図4.40　サブネットの関連付けの編集

　これでパブリックルートテーブルが完成しました。

　ここで作成したパブリックサブネット共通用のルートテーブル（パブリックルートテーブル）のほかに、プライベートサブネット用のルートテーブルを2つ作成します。表4.9をもとに、同様の手順で残り2つのルートテーブルも作成（図4.38のターゲットでNATゲートウェイsample-ngw-01、sample-ngw-02をそれぞれ選択）してください（図4.41）。

図4.41 完成したルートテーブル

4.7 セキュリティグループ

4.7.1 セキュリティグループとは？

　VPC上にさまざまなリソースを作成する準備が整いました。しかしこのままだと、インターネットを通じてどんなアクセスもできてしまいます。VPCの中のリソースを守るため、外部からのアクセスに制限をつける必要があります。このようなアクセス制限を行うために、**セキュリティグループ**という機能が用意されています。

 NOTE

ネットワークアクセスコントロールリスト（ネットワークACL）

同じ用途のために、ネットワークアクセスコントロールリスト（ネットワークACL）という機能もあります。これらを使い分けることでセキュリティ設定が簡素になることもあります。しかし本書で扱う規模のネットワークであれば、すべてセキュリティグループでアクセス制御をしても煩雑ではないので、ネットワークACLは使いません。

　セキュリティグループでは、外部からのアクセスを次の2つの概念で制御できます（図4.42）。

- ポート番号
- IPアドレス

　ポート番号による制御では、提供するサービスの種類を指定できます。たとえば、Webサービスへのアクセスで使われる80番（HTTP）と443番（HTTPS）、あるいはサーバーに接続してメンテナンスを行うときに使われる22番（SSH）などが、よく指定されます。

　IPアドレスによる制御では、接続元を指定できます。もし所属する会社や学校などの組織内ネットワークで作業している場合、インターネットに接続するIPアドレスは限定されたものになっているのが普通です。これらのIPアドレスを指定することで、組織外からのアクセスを防ぐことができます。

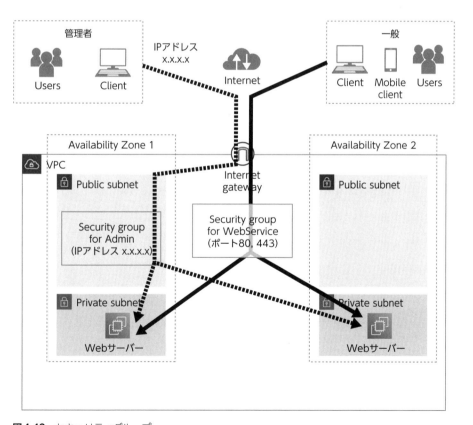

図4.42　セキュリティグループ

4.7.2 　作成内容

それでは、作成するセキュリティグループを確認しましょう。ここでは、以下の2つの
セキュリティグループが必要です。

- すべてのリソースに接続するための入り口となる「踏み台サーバー」（第5章で解説）
- リクエストや処理を分散する「ロードバランサー」（第7章で解説）

それぞれの設定項目は、表4.11と表4.12の通りです。

表4.11　踏み台サーバー用のセキュリティグループの設定項目

項目	値	説明
セキュリティグループ名	sample-sg-bastion	セキュリティグループにつける名前
説明	for bastion server	セキュリティグループの対象や用途などの説明
VPC	sample-vpc	セキュリティグループを作成するVPC
インバウンドルール	タイプ：SSH ソース：0.0.0.0/0	タイプには、外部からの接続を許可するポート番号あるいはプロトコルを指定する ソースには、外部からの接続を許可するIPアドレスを指定する。0.0.0.0/0は任意の場所からの接続を許可している

表4.12　ロードバランサー用のセキュリティグループの設定項目

項目	値	説明
セキュリティグループ名	sample-sg-elb	セキュリティグループにつける名前
説明	for load balancer	セキュリティグループの対象や用途などの説明
VPC	sample-vpc	セキュリティグループを作成するVPC
インバウンドルール	タイプ：HTTP ソース：0.0.0.0/0	タイプには、外部からの接続を許可するポート番号あるいはプロトコルを指定する ソースには、外部からの接続を許可するIPアドレスを指定する。0.0.0.0/0は任意の場所からの接続を許可している
	タイプ：HTTPS ソース：0.0.0.0/0	

4.7.3 　セキュリティグループの作成手順

それでは、AWSマネジメントコンソールからセキュリティグループを作成していきます。

VPCのダッシュボードから、「セキュリティグループ」の画面を開き、［セキュリティグループを作成］ボタンをクリックします（図4.43）。

図4.43 セキュリティグループの作成開始

次にセキュリティグループの情報を入力します。「セキュリティグループを作成」という画面が開くので、「基本的な詳細」というカテゴリでセキュリティグループの基本的な情報を設定します（図4.44）。表4.11の設定項目を入力／選択してください。

図4.44 基本的な詳細

　次に「インバウンドルール」というカテゴリに移動します。ここでインバウンドのルールを必要なだけ追加します（図4.45）。［ルールを追加］ボタンをクリックして新しいルールを入力する行を増やし、そこにルールを追加していきます。表4.11の「インバウンドルール」を追加してください。

図4.45　インバウンドルール

　この下に、「アウトバウンドルール」と「Tags」というカテゴリもありますが、今回は入力の必要はありません。
　設定が終わったら、画面下までスクロールし、［セキュリティグループを作成］をクリックします（図4.46）。

図4.46　セキュリティグループを作成

これでVPCの中に踏み台サーバー用のセキュリティグループが作成されます（図4.47）。

図4.47 作成されたセキュリティグループ

ここで作成した踏み台サーバー用のセキュリティグループのほかに、ロードバランサー用のセキュリティグループも作成します。表4.12をもとに、同様の手順で作成してください（図4.48）。

図4.48 完成した2つのセキュリティグループ

これでVPCに関する設定がすべて終了しました。設定の漏れがないかどうか、確認してみてください。

COLUMN

ネットワークACLとセキュリティグループ

　第4章で、アクセス制限を行うための仕組みとして、セキュリティグループ以外にネットワークACLという技術があるということを紹介しました。まず、この2つの違いについて簡単に説明します。

- セキュリティグループ：リソース（EC2、ロードバランサー、RDSなど）に対して設定することができます。
- ネットワークACL　　：サブネットに対して設定します。つまり、そのサブネットに含まれるリソースすべてに適用されます。

　このような違いを踏まえて、ネットワークACLとセキュリティグループの二段構えでのアクセス制御の設定を行うことにより、セキュリティグループの設定漏れをネットワークACLで守ることができます。

　しかし、アクセス制御を2か所で管理することにより、運用の手間が増えるというデメリットも発生します。

　筆者の場合は、設定漏れはしっかりとしたインフラ設計書や、巻末で紹介するCloud Formationを使ったIaC（Infrastructure as Code）の仕組みで防ぐことにして、ネットワークACLを使わないことが多いです。

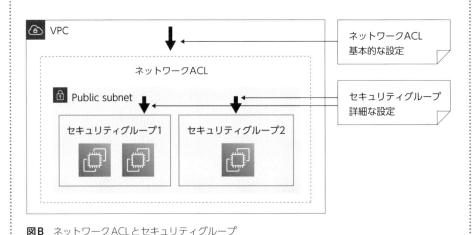

図B　ネットワークACLとセキュリティグループ

第 5 章

踏み台サーバーを
用意しよう

　第4章でネットワークが作成できたので、これでさまざまなリソースを作成する準備が整いました。しかし「リソースを作成する」ということは、それだけ侵入の危険性が高まることも意味します。そこで、ネットワークの安全性を保ちながらリソースが作成できるよう、踏み台サーバー（中継サーバー）を用意しましょう（図5.1）。

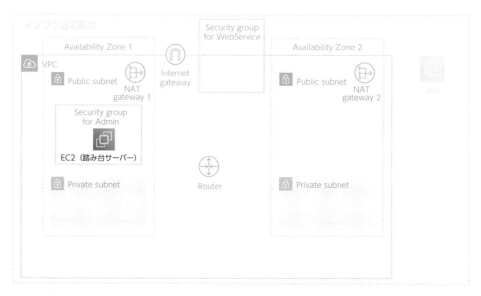

図5.1　第5章で作成するリソース

> **⚠ 注意**
>
> この章で作成する「EC2」およびその作成過程で作成される「Elastic IP」は、1時間単位で使用料がかかります。学習が終了したら巻末の付録の「リソースの削除方法」で説明する手順にそってリソースを削除してください。

5.1 🎲 踏み台サーバーとは？

　ネットワークにさまざまなリソースを作成した後は、それらのリソースに外部から接続してリソースに対する設定を行います。リソースへの接続は、限られた管理者のみが行えるようにするべきです。しかしそのような設定をすべてのリソースに対して行うことは大変ですし、設定漏れなどが発生する可能性も高くなります。

　そこで、すべてのリソースに接続するための入り口となる**踏み台（bastion）サーバー**を用意して、このサーバー経由でないと各リソースに接続できないようにする方式がよく使われます（図5.2）。

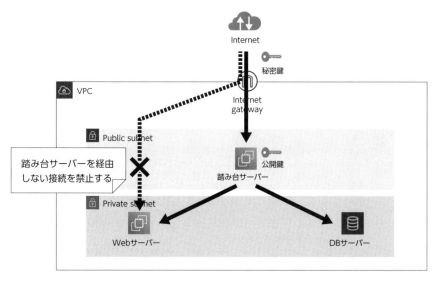

図5.2　踏み台サーバー

　踏み台サーバーは、**EC2**（**Amazon EC2**：Amazon Elastic Compute Cloud）を使って構築できます。EC2は、仮想サーバーです。CPU、メモリ、ディスクなどが備えられており、LinuxやWindowsなどのOSをインストールできます。踏み台サーバー自身は、目的のリソースへの通り道となる以外の用途がありません。そのため、スペックも低くて大丈夫ですし、OSも特に問いません。

 NOTE

EC2インスタンス

EC2で作成したリソース1つ1つは**EC2インスタンス**と呼ばれます。

　踏み台サーバーやその他のサーバーへの接続方法は、OSの種類によっていろいろな方式があります。本書では各種サーバーをLinuxで構築するため、**SSH**（Secure Shell）を使って接続します。SSHは、暗号／認証技術を利用し、ネットワーク経由でサーバーなどに接続して遠隔操作するためのプロトコル（通信手段）です。SSHで接続するには、秘密鍵と公開鍵というキーペアを用意する必要があります。

5.2 SSH接続に必要なキーペアを用意する

まずは、SSH接続を行うときに必要となるキーペアから作成していきます。

5.2.1 作成内容

キーペアの作成時に必要な項目は、表5.1の通りです。

表5.1 キーペアの設定項目

項目	値	説明
名前	個人名（例：nakagaki）	SSH接続に利用する鍵の名前
キーペアのタイプ	RSA	SSH接続で使われる暗号化アルゴリズム
プライベートキーファイル形式	pem	SSH接続形式

キーペアは、基本的に作業する人に属するものです。そのため、キーペアの名前は、これまで紹介してきたサービスのような「sample-xxx」という命名規則ではなく、作業者個別の名前を使った命名規則にするとよいでしょう。

キーペアのタイプは、キーの暗号化で使われるアルゴリズムです。RSAは従来から使われているアルゴリズムで汎用性があります。ED25519は新しく追加されたアルゴリズムで、RSAよりもキーのサイズがコンパクトで強度もあるとされていますが、しかし本書執筆時点で、EC2インスタンスにLinuxかMacしか使えないという制約があります。本書ではEC2インスタンスにはLinuxを使いますのでどちらを使っても大丈夫ですが、デフォルトで選択されているRSAを使って説明していきます。

ファイル形式は、作業者が普段使っているPCにインストールされているSSHクライアントによります。Windows 10以前のWindows OSでは、PuTTYというオープンソースのSSHクライアントが広く使われていました。この場合は、ppk形式（拡張子.ppk）を使います。また、Windows 10／11やMac、LinuxといったOSでは、sshコマンドが用意されています。この場合は、pem形式（拡張子.pem）を使います。

本書では、Windows 10／11でsshコマンドを使うという前提のもと、pem形式を使います。もし読者の環境がPuTTY形式のSSHクライアントである場合は、ppk形式を選択してください。

5.2.2 🔷 キーペアの作成手順

それでは、キーペアを作成してみましょう。

まず、AWSマネジメントコンソール画面の左上にある「サービス」メニューから、EC2のダッシュボードを開きます。そこから「キーペア」の画面を開き、[キーペアを作成] ボタンをクリックします（図5.3）。

図5.3 キーペアの作成を開始

次にキーペアに名前をつけます。「キーペアを作成」という画面が表示されるので、「キーペア」というカテゴリへ移動します。そこで表5.1のようにキーペア名とファイル形式を入力／選択します（図5.4）。

図5.4　キーペア情報の設定

入力／選択が終わったら、画面を一番下にスクロールして［キーペアを作成］ボタンを
クリックします（図5.5）。

図5.5　キーペアを作成

これでキーペアが作成されます。このとき、ブラウザによって画面が少し異なりますが、秘密鍵がダウンロードできるようになります[注1]。キーペアは、「キーペア名.pem」というファイル名になります（図5.6）。

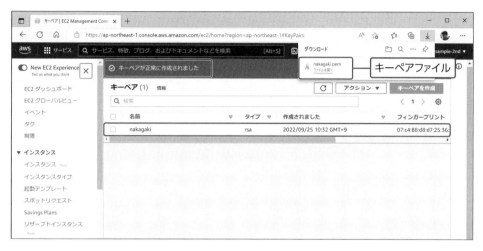

図5.6 作成されたキーペア

作成直後のこの画面は、作成したキーペアの秘密鍵を取得できる唯一の機会です。ここでダウンロードを忘れてしまったり、またダウンロードした秘密鍵をなくしてしまったりした場合は、キーペアを作り直した後に、既存のサーバーの公開鍵を置き換える必要があります。くれぐれもご注意ください。

5.3 踏み台サーバーを用意する

キーペアが作成できたので、次は踏み台サーバーを用意しましょう。

5.3.1 作成内容

踏み台サーバーは、EC2インスタンスとして作成します。EC2インスタンスの設定項目のうち、デフォルト値から変更するものを表5.2に示します。

注1 Edge、Chrome、FireFoxの場合は自動でダウンロードが始まります。

表5.2 EC2インスタンスの設定項目

項目	値	説明
名前	sample-ec2-bastion	EC2インスタンスの名前
Amazonマシンイメージ (AMI)	Amazon Linux 2 AMI (HVM), Kernel 5.10, SSD Volume Type	EC2インスタンスに導入するOS
インスタンスタイプ	t2.micro	EC2インスタンスのスペック
キーペア（ログイン）	「5.2　SSH接続に必要なキーペアを用意する」で作成したキーペア	EC2にログインするときに使用するキーペア
VPC	sample-vpc	EC2インスタンスを作成するVPC
サブネット	sample-subnet-public01	EC2インスタンスを作成するサブネット
パブリックIPの自動割り当て	有効	EC2インスタンスに対してどのようにパブリックIPを割り振るか
セキュリティグループ	default	EC2インスタンスに適用するセキュリティグループ
	sample-sg-bastion	

5.3.2　EC2インスタンスの作成

　それでは、EC2インスタンスを作成しましょう。

　EC2のダッシュボードから「インスタンス」の画面を開き、［インスタンスを起動］ボタンをクリックします（図5.7）。

図5.7　EC2インスタンスの作成開始

以降のステップで表5.2の設定を行います。

ステップ1：名前とタグ

はじめに名前を設定します（図5.8）。名前はタグの1つです。タグは、インスタンスの動作や性能にはまったく影響を与えません。ただ、たくさんEC2インスタンスを作ると、どのインスタンスが何の用途のためにあるのかがわかりにくくなります。そのため、インスタンスを識別するための情報としてタグを使います。インスタンスの数が少ないときは、名前で識別するとよいでしょう。

図5.8 名前の設定

ステップ2：アプリケーションおよび OSイメージ（Amazonマシンイメージ）

次にAMI（Amazonマシンイメージ）を選択します（図5.9）。AMIには、OSやミドルウェアなどがあらかじめ用意されています。AMIを指定することで、面倒なインストール作業を行うことなく、必要なOSやミドルウェアが入ったEC2インスタンスを作成できます。

「クイックスタート」の中には、AWSのおすすめのAMIが用意されています。ここでは、［Amazon Linux 2 AMI (HVM), Kernel 5.10, SSD Volume Type］を選択します。Amazon Linux 2は、AWSがEC2用に用意している専用のLinuxディストリビューションです。

111

図5.9　AMIの選択

> **NOTE**
>
> ［その他のAMIを閲覧する」をクリックすると、用意されている数多くのAMIを選択することができます（図5.10）。

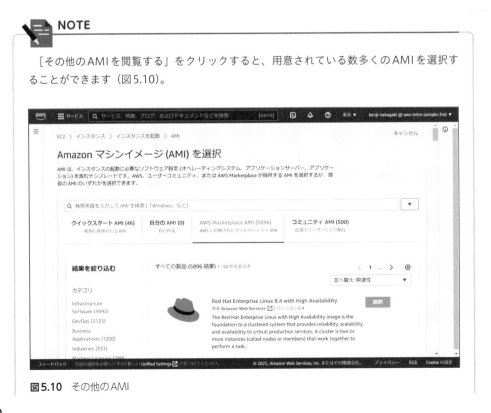

図5.10　その他のAMI

用意されているAMIについて簡単に説明しておきます（表5.3）。

表5.3　AMIの選択元一覧

タブ名	説明
自分のAMI	作成したEC2インスタンスのバックアップ（バックアップは、運用者が自由に作成できる）
AWS Marketplace AMI	AWSに登録されているサードパーティー製のAMI
コミュニティAMI	有志によって作成されたAMI

AWS Marketplace AMIやコミュニティAMIに含まれるAMIは、単にOSだけではなくWebサーバーなどのミドルウェアなども導入済みのものが多いです。

ステップ3：インスタンスタイプ

次にEC2インスタンスのタイプ（CPU、メモリ、ストレージ、ネットワークキャパシティの構成）を選択します（図5.11）。踏み台サーバー自身は、経路になる以外には何も機能を提供しないサーバーなので、なるべく安いタイプを選ぶとよいでしょう。ここでは「t2.micro」を選択します[注2]。

図5.11　EC2インスタンスのタイプの選択

ステップ4：キーペア

次にキーペアを設定します（図5.12）。「5.2.2　キーペアの作成手順」で作成したキーペアを指定します。

注2　この他のEC2インスタンスのタイプについては以下を参照。
　　Amazon EC2インスタンスタイプ
　　`WEB` https://aws.amazon.com/jp/ec2/instance-types/

図5.12　SSH接続に使うキーペアの指定

ステップ5：ネットワーク設定

　次にネットワークの設定を行います。デフォルトの設定は使いませんので、［編集］ボタンをクリックして編集を行います（図5.13）。

　始めにVPCを選択します。

　ファイアーウォール（セキュリティグループ）については、既にセキュリティグループを作成しているので［既存のセキュリティグループを選択する］を選択します。すると、作成済みのセキュリティグループを選択することができるようになります。

　セキュリティグループは用途ごとに作成して、それらを組み合わせてリソースに設定するのが一般的です。今回の踏み台サーバーには、表5.4の2つのセキュリティグループを設定します。

表5.4　設定するセキュリティグループ

セキュリティグループ	説明
default	VPC内のすべてのリソースからの通信を許可する
sample-sg-bastion	任意の外部からのSSH通信を許可する

　なお、最後に選択したセキュリティグループしか表示されない場合は、［選択済みをすべて表示］をクリックしてください。

図5.13 ネットワークの設定

 NOTE

VPC内のサーバー間のセキュリティ

インフラの設計を学んだ方は、DMZ（非武装地帯）という構成をご存じかもしれません。DMZは、Webサーバーなど外部に公開しているサーバーと、DBサーバーなど内部に隠しているサーバーの間の通信にも制限をかけるものです。ただし本書では、踏み台サーバー以外のすべてのサーバーはプライベートなサブネットに作成するため、DMZは作成しないことにしました。サブネット間の通信のセキュリティについては、皆さんの環境に合わせてカスタマイズしてください。

ステップ6：ストレージ

次に追加するストレージを設定します（図5.14）。ストレージは、EC2インスタンスに割り当てるディスクです。初期値のままで問題ありません。

図5.14　ストレージを設定

これで、必要な設定はすべて終わりました。最後に「概要」のカテゴリーで設定された内容をもう一度確認してください。問題がなければ［インスタンスを起動］ボタンをクリックして、インスタンスを起動します（図5.15）。

図5.15　概要

これでEC2インスタンスの作成手順をすべて終了しました。数分以内に、EC2インスタンスが完成します（図5.16）。

図5.16　EC2インスタンスの完成

EC2インスタンスが作成されたら、SSHを使って接続確認ができます。Windows 10／11では標準のコマンドラインやPowerShellにsshコマンドが用意されています。本書ではPowerShellのsshコマンドを使って説明していきます。

NOTE

Windows 10以前でのSSH接続

Windows 10以前のWindows OSでは、PuTTYやTera Termなどサードパーティー製のソフトウェアを使うとよいでしょう。

- PuTTY　https://www.chiark.greenend.org.uk/~sgtatham/putty/index.html
- Tera Term　http://ttssh2.osdn.jp/

5.4.1 🔷 接続確認の手順

踏み台サーバーに接続する準備

まずは、PowerShellを起動します。Windowsの検索機能を使うと便利です（図5.17）。

図5.17 PowerShellの起動手順

SSH接続に必要なファイルはホームディレクトリの.sshディレクトリに作成するのが一般的です。まずは、.sshディレクトリを作成します（①）。そして、キーペアを作成したときにダウンロードした秘密鍵をこのディレクトリに保存しておきます（②）。ここでは、秘密鍵は「nakagaki.pem」という名前で「Downloads」ディレクトリにあると想定しています。

```
PS C:¥Users¥nakak> mkdir .ssh ──────────────────────── ①
PS C:¥Users¥nakak> cp .¥Downloads¥nakagaki.pem .ssh ── ②
```

sshコマンドで接続する

　これで踏み台サーバーに接続する準備ができました。sshコマンドを使って接続してみましょう。接続するときのユーザーやパブリックIPは、EC2のダッシュボードでEC2インスタンスの情報を見れば確認できます。

　まずEC2のダッシュボードから、作成したインスタンスをクリックして、概要画面を開きます。そして、最上段にある［接続］ボタンをクリックします（図5.18）。

図5.18　EC2インスタンスの接続情報の表示

　すると、作成したEC2インスタンスに接続するためのユーザー名やパブリックIPアドレスの情報が表示されます（図5.19）。

図5.19 EC2インスタンスの接続情報

これらの情報を使って、 sshコマンドで踏み台サーバーに接続してみましょう。

実行結果1 踏み台サーバーへの接続

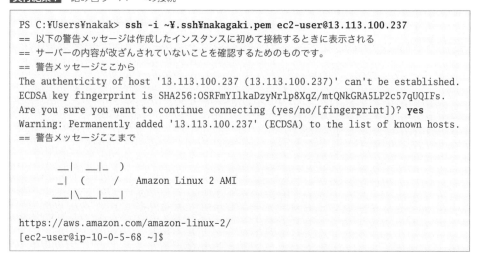

踏み台サーバーへの接続を切断する場合には、**logout**また**exit**コマンドを入力する、あるいはキーボードで［Ctrl］＋［D］キーを押します。

5

実行結果2 踏み台サーバーへの接続の切断

```
[ec2-user@ip-10-0-5-68 ~]$ logout
Connection to 13.113.100.237 closed.
PS C:\Users\nakak>
```

以上で、踏み台サーバーの接続確認ができました。

 NOTE

踏み台サーバーへの接続でエラーが出る場合

pemファイルに作業者以外のアクセス権限がついているのが原因で、接続時に「Permission denied」というエラーが出てしまうことがあります。そのようなときは、次の対応策のいずれかを試してください。

対応策1
pemファイルを、.sshフォルダではなく、C:¥Users¥（ユーザー名）フォルダにコピーします。 **実行結果1** のsshコマンドの-iで指定するファイルも以下のように修正します。

```
ssh -i C:¥Users¥nakak¥nakagaki.pem ec2-user@54.02.19.187
```

対応策2
以下のコマンドを実行してから、 **実行結果1** のsshコマンドを実行します。

```
PS C:¥Users¥nakak> $path = ".ssh\nakagaki.pem"
PS C:¥Users¥nakak> icacls.exe $path /reset
PS C:¥Users¥nakak> icacls.exe $path /GRANT:R "$($env:USERNAME):(R)"
PS C:¥Users¥nakak> icacls.exe $path /inheritance:r
```

COLUMN

アクセスキーの漏洩と被害

第3章で、ルートユーザーのアクセスキーの削除を通じて、アクセスキーの重要性について説明しました。ルートユーザーに限らず、アクセスキーが漏洩すると大変なことになります。ここでは、アクセスキーがどのように漏洩して、その結果どのような被害が起きるのか、そして万一漏洩してしまったときの対応について説明します。

アクセスキー自体は、システムが動作するときに必要な情報なので、サーバー上にプログラムと一緒に保存されることが多いです。そのためサーバー自身のセキュリティを考慮することは必須です。しかし、サーバーを守ったとしても、プログラマーがアクセスキーをGitHubなどのソース管理システムのリポジトリにプッシュしてしまったり、スマートフォンのアプリの中に埋め込んでしまったりすることがあります。このように、インフラ担当者がサーバーを守ったとしても、アクセスキーが漏洩することはあります。

アクセスキーを違法に入手した人は、可能な限りたくさんのEC2インスタンスを作成して、ビットコインなどの仮想通貨のマイニング（採掘）を行うことが近年多くなっています。その結果、1カ月で数十万円～数百万円の利用料になってしまうことがあります。

漏洩が発覚したときには、まずはアクセスキーを削除してください。それから無駄に立ち上げられたリソースの削除を行います。ネット上では、AWSに支払いを免除してもらったケースが見受けられます。しかし、必ず免除されるわけではないので、アクセスキーの漏洩は絶対に起きないようにしなければなりません。

プログラマーに対して啓蒙活動を行い、不用意にアクセスキーをソースコード管理ツールの管理対象にしたり、アプリのリソースとして埋め込んだりしないように注意しましょう。またAWSは、アクセスキーらしきものがGitHubなどのリポジトリにプッシュされることを防ぐ「git-secrets」というツールを用意しているので、積極的に使っていきましょう。

git-secrets
　WEB https://github.com/awslabs/git-secrets

第 6 章

Webサーバーを
用意しよう

　インフラの準備が整ってきました。それではいよいよ、Webアプリを提供するためのリソースの作成に入っていきます（図6.1）。まずは一番肝心なWebサーバーから作成していきましょう。

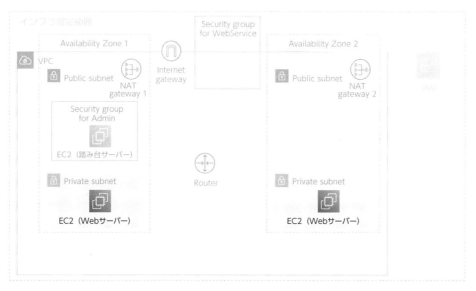

図6.1　第6章で作成するリソース

6.1 Webサーバーとは？

　Webサーバーは、ブラウザやアプリからのリクエストを受けて、HTMLやJSONなどのレスポンスを返す役割を持ちます（図6.2）。あらかじめ用意されているHTMLファイルの内容をそのまま返すこともあれば、PHPやRubyなどで作られたプログラムの実行結果を返すこともあります。

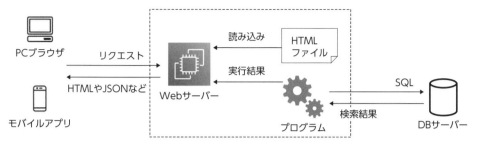

図6.2　Webサーバーの役割

　昔からよく使われているWebサーバーの形態としては、LAMPなどでおなじみの
Apacheサーバー ＋ PHPや、Ruby on Railsなどのフレームワークを用いたものがあり
ます。このようなWebサーバーは、EC2（Amazon EC2）を使って構築します。

 NOTE

> **サーバーレスコンピューティング**
>
> マイクロサービスの構築を行う場合、AWSのサービスの1つである「Lambda」を使って
> HTMLやJSONなどを返す構成にすることがあります。本書ではマイクロサービスの構築
> については触れませんが、興味のある方はAWSのドキュメントの「ソリューション」にあ
> る「サーバーレスコンピューティング」というユースケースを読んでみてください。
>
> **サーバーレスコンピューティング − ユースケース別クラウドソリューション｜AWS**
> **WEB** https://aws.amazon.com/jp/serverless/?nc2=h_ql_sol_use_servc

6.2　Webサーバーを用意する

　それでは、Webサーバーを用意しましょう。踏み台サーバーのときと同じくキーペア
とEC2インスタンスを使って構築します。キーペアは、踏み台サーバーと同じものを使い
ます。

6.2.1 　作成内容

EC2インスタンスの設定項目のうち、デフォルト値から変更するものを表6.1に示します。

表6.1　EC2インスタンスの設定項目

項目	値	説明
名前	**Webサーバー01** sample-ec2-web01	EC2インスタンスの名前
	Webサーバー02 sample-ec2-web02	
Amazonマシンイメージ（AMI）	Amazon Linux 2 AMI (HVM), Kernel 5.10, SSD Volume Type	EC2インスタンスに導入するOS
インスタンスタイプ	t2.micro	EC2インスタンスのスペック
キーペア（ログイン）	「5.2　SSH接続に必要なキーペアを用意する」で作成したキーペア	EC2にログインするときに使用するキーペア
VPC	sample-vpc	EC2インスタンスを作成するVPC
サブネット	**Webサーバー01** sample-subnet-private01	EC2インスタンスを作成するサブネット
	Webサーバー02 sample-subnet-private02	
パブリックIPの自動割り当て	無効化	EC2インスタンスに対してどのようにパブリックIPを割り振るか
セキュリティグループ	default	EC2インスタンスに適用するセキュリティグループ

ここでは、Webサーバーを2つ作成します。2つのサーバーの違いは、EC2インスタンスを作成するサブネットの場所だけです。

6.2.2 　踏み台サーバーとの比較

Webサーバーと踏み台サーバーは、いずれもEC2インスタンスで作成します。しかし、2つのサーバーには、以下の違いがあります。

- 踏み台サーバーは**システム管理者が時々使う**。Webサーバーは**Webサービスのユーザーが常時接続してくる**
- 踏み台サーバーは**インターネット**から**直接接続される**。Webサーバーは**ロードバランサー**（第7章で説明）**を通じて間接的に接続される**

このような違いにより、表6.2に示したように設定内容の違いがあります。

表6.2　踏み台サーバーとWebサーバーの比較

項目	踏み台サーバー	Webサーバー
インスタンスタイプ	最低限のスペック	利用者の数に応じて適切なスペック
サブネット	パブリックサブネット	プライベートサブネット
自動割り当てパブリックIP	必要	不要
セキュリティグループ	デフォルト＋SSH接続	デフォルトのみ

6.2.3　EC2インスタンスの作成

それでは、EC2インスタンスを作成します。第5章の踏み台サーバーを作成するときの手順と基本的に同じです。

まず、AWSマネジメントコンソール画面の左上にある「サービス」メニューから、EC2のダッシュボードを開きます。そこから「インスタンス」の画面を開き、［インスタンスを起動］ボタンをクリックします（図6.3）。

図6.3　EC2インスタンス画面

以降のステップで表6.1の設定を行います。

ステップ1：名前とタグ

はじめに名前を設定します（図6.4）。踏み台サーバーのときと同じく、名前はインスタンスを識別するための情報としてのみ使います。表6.1のように、EC2インスタンスの名前を指定してください。

図6.4　名前の設定

ステップ2：アプリケーションおよび
　　　　　OSイメージ（Amazonマシンイメージ）

次にAMIを選択します。踏み台サーバーのときと同じく「Amazon Linux 2」を選択します（図6.5）。

図6.5　AMIの選択

ステップ3：インスタンスタイプ

次にEC2インスタンスのタイプを選択します（図6.6）Webサーバーのスペックや台数は、ユーザー数やアプリの作り方によって異なります。事前に予想されるユーザー数でテストをして、必要な台数やスペックを算出するのが理想です。算出が難しい場合には、予想できる最大のスペックや台数ではじめて、順次削減するということもできます。これもクラウドならではの利点です。本書のサンプルでは実際のユーザーはいないので、t2.microを2台用意することにします。

図6.6　EC2インスタンスのタイプの選択

> **NOTE**
>
> ### Amazon EC2 Auto Scaling
>
> 本書では、必要な台数やスペックを手動で設定する方法について説明しています。AWSには、実際の利用状況に応じてEC2インスタンスを自動的に増やしたり減らしたりできるAmazon EC2 Auto Scalingというサービスも用意されています。非常に便利な機能ですが、EC2以外の知識が必要なため本書のサンプルでは採用しませんでした。実業務において短期間でのアクセス数の大幅な増減が見込まれる場合には、採用を検討してみてください。
>
> **Amazon EC2 Auto Scaling**
> WEB https://aws.amazon.com/jp/ec2/autoscaling/

ステップ4：キーペア

次にキーペアを設定します（図6.7）。「5.2.2　キーペアの作成手順」で作成したキーペアを指定します。

図6.7　SSH接続に使うキーペアの指定

ステップ5：ネットワーク設定

次にネットワークの設定を行います。踏み台サーバ−の時と同じくデフォルトの設定は使いませんので、「編集」ボタンをクリックして編集を行います（図6.8）。ここでも始めにVPCを選択します。

Webサーバーは外部から直接アクセスできないようにする必要があるので、サブネットはプライベートとして設定されたものを使用します。外部から直接アクセスする必要がないため、パブリックIPは必要ありません。そのため、自動割り当てパブリックIPを無効にします。

そして外部からのアクセスをできないようにするために、表6.3のとおり、defaultのセキュリティグループのみを設定します。

表6.3　設定するセキュリティグループ

セキュリティグループ	説明
default	VPC内のすべてのリソースからの通信を許可する

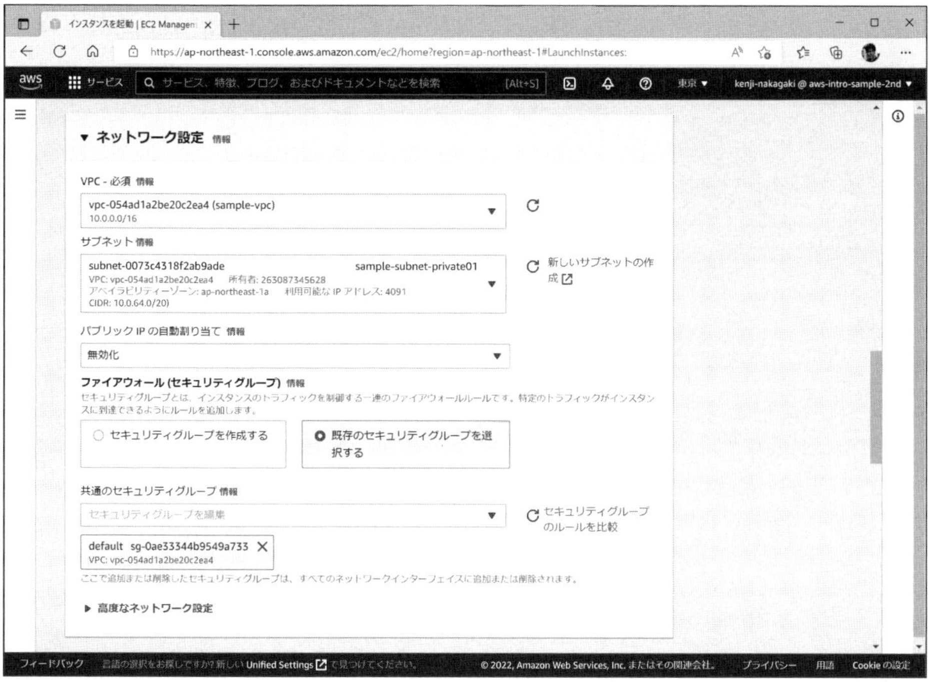

図6.8　ネットワークの設定

（アイコン）ステップ6：ストレージ

　次に追加するストレージを設定します（図6.9）。ストレージは、EC2インスタンスに割り当てるディスクです。一般的なWebサーバーの場合、ディスクに保存される情報は、Webサーバーなどのミドルウェアとプログラム本体、そして期間を限定したアクセスログなどになります。日々増えていくようなファイルは存在しません。そのため、あらかじめ想定される容量で作成すればよいでしょう。今回はサンプルなので、初期設定のまま変えずにおきます。

図6.9　ストレージを設定

　これで、必要な設定はすべて終わりました。最後に「概要」のカテゴリーで設定された内容をもう一度確認してください。問題がなければ「インスタンスを起動」ボタンをクリックして、インスタンスを起動します（図6.10）。

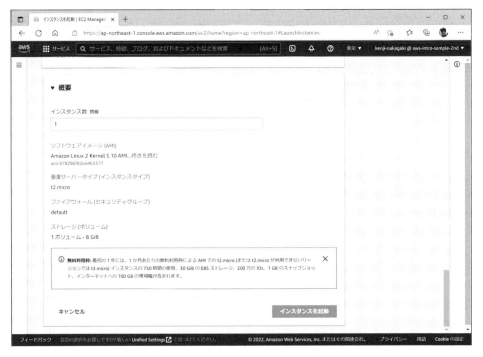

図6.10　概要

　これでEC2インスタンスの作成手順をすべて終了しました。数分以内に、EC2インスタンスが完成します（図6.11）。

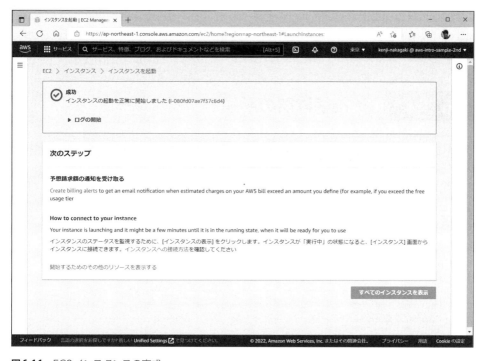

図6.11 EC2インスタンスの完成

Webサーバー用のEC2インスタンスは2つ作成します。1つ目（sample-ec2-web01）が作成できたら、2つ目（sample-ec2-web02）も同じ手順で作成してください。

6.3 接続確認

EC2インスタンスが作成されたら、sshコマンドを使って接続確認ができます。Webサーバーはプライベートサブネットに作成したため、踏み台サーバー経由で接続します。シンプルに接続しようとすると、まず踏み台サーバーにSSHで接続して、そこからさらにWebサーバーにSSHで接続するという接続方法になります。しかしこの接続方法には、次の2つの課題があります。

- sshコマンドを2回入力する必要がある
- 秘密鍵ファイルを踏み台サーバーに転送する必要がある

特に2つ目の秘密鍵のファイルは、セキュリティ面からもなるべく避けたいところです。そこでsshコマンドに用意されている**多段接続**という機能を使って、この2つの課題を解決します。

6.3.1　接続確認の手順

多段接続で接続する準備

多段接続の設定は、**config**という名前のファイル（拡張子なし）を作成して、その中に記述します。このファイルは、秘密鍵ファイルと同じくホームディレクトリの.sshフォルダに保存します。configファイルの中身は、リスト6.1の通りです。

リスト6.1　多段接続の設定ファイル（.ssh/config）

```
Host bastion                                                    ①-1
    Hostname（踏み台サーバーのパブリックIP）                      ①-2
    User ec2-user                                              ①-3
    IdentityFile ~/.ssh/nakagaki.pem                          ①-4

Host web01                                                     ②-1
    Hostname（Webサーバー01のプライベートIP）                    ②-2
    User ec2-user                                              ②-3
    IdentityFile ~/.ssh/nakagaki.pem                          ②-4
    ProxyCommand ssh.exe bastion -W %h:%p                     ②-5

Host web02
    Hostname（Webサーバー02のプライベートIP）
    User ec2-user
    IdentityFile ~/.ssh/nakagaki.pem
    ProxyCommand ssh.exe bastion -W %h:%p
```

Hostという項目は、接続するサーバーごとの設定となります。第5章で作成した1台の踏み台サーバー、この章で作成した2つのWebサーバー、あわせて3つのサーバーの設定を行います。Hostの項目には、エイリアス（別名）を自由につけることができます。この名前は、configファイルを設定したユーザーだけが使うことができます。つまり、ユーザーがそれぞれ踏み台サーバーやWebサーバーにわかりやすい名前をつけることができるのです。①-1では踏み台サーバーに「bastion」、②-1では1台目のWebサーバーに「web01」という別名をつけています。

Hostnameには、接続するサーバーのIPアドレス、あるいはサーバー名を指定します。注意すべき点は、ここには「数珠つなぎになって接続されるサーバーの1つ前のサーバー

から見た情報を指定する」ということです。たとえば、①-2の踏み台サーバーの
Hostnameは、開発マシンから接続されるので、パブリックIPを指定しています。しか
し②-2のWebサーバーのHostnameは、踏み台サーバーから接続されるので、VPCの
中で使われるプライベートIPを指定しています。パブリックIPやプライベートIPの情報
は、管理コンソールから、該当するEC2インスタンスの設定画面で確認できます。

　Userには、接続するときのユーザー名を指定します。

　IdentityFileには、秘密鍵ファイルのパスを指定します。注意すべき点は、Hostname
と違い、数珠つなぎになっているサーバーの一番先頭、つまり「sshコマンドを実際に入
力するコンピューター上のファイルを指定する」ということです。①-4の踏み台サーバー
に接続するときも②-4のWebサーバーに接続するときも、秘密鍵ファイルはいずれも
sshコマンドを実行する開発マシンのものを指定します。

　ProxyCommandには、経由する踏み台サーバーの情報を指定します。踏み台サーバー
自身にはこの情報は不要です。ほとんどの場合、この項目は定型的に、

```
ssh.exe 踏み台サーバーの別名 -W %h:%p
```

という設定を行います[注1]。

sshコマンドで接続する

　これでWebサーバーに接続する準備ができました。sshコマンドを使って接続してみ
ましょう。configファイルで接続するときのユーザー名や秘密鍵ファイルを設定したの
で、実際に入力するコマンドは以下の通りです。

```
ssh サーバーの別名
```

注1　LinuxやMacから接続する場合は、ssh.exeではなくsshとしてください。

実行結果 多段接続によるWebサーバーへの接続

```
PS C:¥Users¥nakak> ssh web01
== 以下の警告メッセージは作成したインスタンスに初めて接続するときに表示される
== サーバーの内容が改ざんされていないことを確認するためのものです。
== 警告メッセージここから
The authenticity of host '10.0.67.110 (<no hostip for proxy command>)' can't ⏎
be established.
ECDSA key fingerprint is SHA256:FDlpywi8elPI5bIhJv9OYzxVMI2mAiawIdPfhxV1WiU.
Are you sure you want to continue connecting (yes/no/[fingerprint])? yes
Warning: Permanently added '10.0.67.110' (ECDSA) to the list of known hosts.
== 警告メッセージここまで


     __|  __|_  )
     _|  (     /   Amazon Linux 2 AMI
    ___|\___|___|

https://aws.amazon.com/amazon-linux-2/
[ec2-user@ip-10-0-67-110 ~]$
```

これでWebサーバーの接続確認ができました。

第 7 章

ロードバランサーを
用意しよう

　前章ではWebサーバーを用意しました。しかしこの状態では、まだWebサーバーはインターネットに向けて公開されていません。ロードバランサーを用意して、ブラウザでアプリを閲覧できるようにしてみましょう（図7.1）。

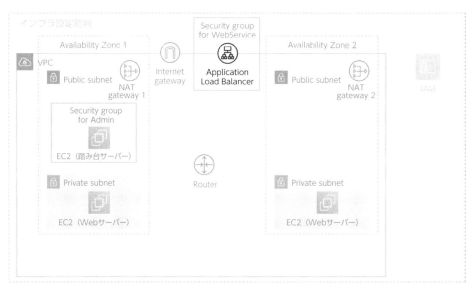

図7.1　第7章で作成するリソース

> **! 注意**
>
> この章で作成する「Appalication Load Balancer」は、1時間単位で使用料がかかります。学習が終了したら巻末付録の「リソースの削除方法」で説明する手順にそってリソースを削除してください。

7.1 🎲 ロードバランサーとは？

　ユーザー数が増えると、1台のWebサーバーではリクエストをさばききれなくなってくるタイミングがあります。このようなときは、Webサーバーを複数用意して性能を上げていく手法がとられます。このような性能の上げ方は**スケールアウト**と呼ばれます。しかし単純にWebサーバーを増やしただけでは、送信元のPCブラウザやモバイルアプリ

からは、新しいWebサーバーを自動的に使用するようには動きません。スケールアウトを行う場合には、サービスを提供する側で何かしらの仕組みを用意する必要があります。

7.1.1　ロードバランサーの役割

ロードバランサーは、このスケールアウトを行うための手法の1つです。ロードバランサーの主な役割として、次の3つがあります。

① リクエストの分散
② SSL処理
③ 不正リクエスト対策

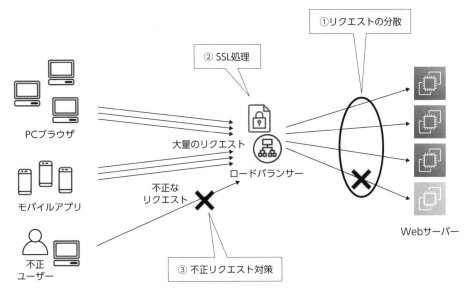

図7.2　ロードバランサーの役割

リクエストの分散

ロードバランサーの基本的な役割の1つは、インターネットから送られたリクエストを、Webサーバーに均等に分散させることです。イメージとしては、コンビニやハンバーガー屋などで見られる「フォーク並び」のような動作です（図7.3）。

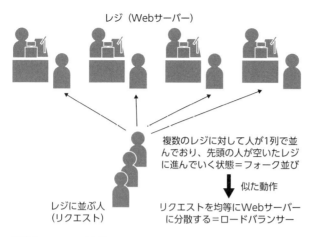

レジ（Webサーバー）

複数のレジに対して人が1列で並んでおり、先頭の人が空いたレジに進んでいく状態＝フォーク並び

似た動作

レジに並ぶ人
（リクエスト）

リクエストを均等にWebサーバーに分散する＝ロードバランサー

図7.3　フォーク並び

　ロードバランサーはWebサーバーの動作状況を常に確認しており、もしWebサーバーがダウンして動作しなくなった場合、そのサーバーにはリクエストを分散しないようにします。Webサーバーが復旧したら、またリクエストを分散するようにします。

SSL処理

　2つ目の役割は、送受信しているデータを暗号化する**SSL**（Secure Sockets Layer）処理です。インターネットからのアクセス（外部からの接続）のうち、セキュアな情報を送るためにHTTPSというプロトコルで通信を行うことがありますが、この通信にはSSLが使われています。ブラウザで入力するアドレスの先頭が「https://～」で始まるWebサイトがそうです。このとき、ブラウザとサービスの間を流れるデータ（パケット）は暗号化されています。データを暗号化したり逆に元に戻したりする処理は複雑な計算が行われるため、Webサーバーで行うと負荷がかかり、本来の性能が出せなくなるかもしれません。

　ロードバランサーには、暗号に関する処理を高速に行う専用の仕組みが用意されていて、Webサーバーで暗号を処理するよりも高速に行うことができます。

不正リクエスト対策

　3つ目の役割は、不正リクエスト対策です。仮にロードバランサーが存在せず、Webサーバーが直接ブラウザとやり取りできる状態だとします。このときWebサーバーには正しいリクエストではなく、予期せぬ動作を引き起こさせる不正なリクエストを送られる可能性があります。このような不正なアクセスを検知して防ぐ処理をWebサーバーで行うと、高負荷によりWebサーバー自身がダウンする可能性があります。そして最悪の場合、不正なアクセスを許してしまい、Webサーバーが乗っ取られてしまうこともあります。

　ロードバランサーにはこのような不正なアクセスに対応するための専用の仕組みが用意されています。そのためWebサーバーごとに対策を用意するよりも、効率的に不正なアクセスに対応できます。

7.1.2　AWSで用意されているロードバランサー

　AWSでは、**Elastic Load Balancing**（**ELB**）というサービスでロードバランサーを提供しています。Elastic Load Balancingでは、次の4種類のロードバランサーが用意されています。

- Application Load Balancer（ALB）
- Network Load Balancer
- Gateway Load Balancer
- Classic Load Balancer

Application Load Balancer（ALB）

　HTTPやHTTPSによるアクセスを分散させるために最適化されたロードバランサーです。SSL処理を行ってくれたり、URLのパターン（例：「/userで始まる」など）といった複雑な条件で分散先を切り替えてくれたりなどの高度な機能が用意されています。

Network Load Balancer

　基本的な分散処理の機能しか持ちませんが、さまざまな通信プロトコルに対応したロードバランサーです。特に、リアルタイムゲームなどで双方向通信を実現するときに使われるソケット通信などを分散させるときに使われます。

Gateway Load Balancer

　クライアントからの通信を、AWS以外のセキュリティを専門とする会社の製品を経由して検査する用途で使われます。

Classic Load Balancer

　Application Load BalancerやNetwork Load Balancerが登場する前に使われていた、古いロードバランサーです。既存のAWSの仕組みを使わなければならないといった特殊なケースでない限り、新規で使われることはありません。

　これら4つの特徴を表7.1にまとめておきます。

表7.1　ロードバランサーの種類

種類	特徴	用途
Application Load Balancer	HTTPやHTTPSアクセスに特化している	WebサイトやREST APIを提供するサイト
Network Load Balancer	さまざまな通信に対応できる	ゲーム、チャットなど
Gateway Load Balancer	サードパーティ製のセキュリティサービスの仲介に特化している	AWS以外のサービスを使って、よりセキュアなインフラ環境を構築したいとき
Classic Load Balancer	上記が登場する前に使われていた	特にClassic Load Balancerを選択するべき用途は、通常ない

　本書のサンプルはWebサイトなので、Application Load Balancerの設定の仕方について説明していきます。

　その他のロードバランサーの違いについては、AWSのマニュアルを参照してください。

Elastic Load Balancing ドキュメント
　WEB https://docs.aws.amazon.com/ja_jp/elasticloadbalancing/

　以降の説明では、Application Load Balancerのことを「ロードバランサー」と呼びます。

7.1.3 ロードバランサーによる リクエストのルーティング

　Webアプリをインターネットに公開するとき、通常はHTTP（ポート番号は80）かHTTPS（ポート番号は443）を使って公開をします。この設定はロードバランサーに対して行います。しかしロードバランサーの内側にいるWebサーバーは、必ずしもこの設定に合わせる必要はありません。実際のところ、HTTP（ポート番号は1024より大きい値）という条件でロードバランサーからのリクエストを待ち受けます。

　そしてロードバランサーは、公開しているプロトコルとポート番号の組み合わせを、内側のWebサーバーが待ち受けるプロトコルとポート番号に変換する機能を持ちます。これを**リクエストのルーティング**と呼びます。

　HTTPSをHTTPに変換する理由は、HTTPSによる通信の暗号化／復号の処理をWebサーバーではなくロードバランサーに行わせるためです。Webサーバーの負荷を減らしたり、証明書などの管理コストを低減したりできます。

　また、ポート番号を変換する理由は、Webサーバーのセキュリティを高めるためです。LinuxなどのOSでは、0～1023までのポート番号で待ち受けをするためには、特別に強力な権限（いわゆるroot権限）を持ったユーザーでプログラム（Apacheやnginxなど）を動作させる必要があります。しかしそのプログラムが悪意あるユーザーに乗っ取られてしまった場合、強力な権限も悪意あるユーザーに渡ってしまいます。そのため、ロードバ

ランサーの内側にいるWebサーバーでは、通常、1024以上のポート番号を使って一般的な権限を持つユーザーで動作させます。

　このポート番号にどの番号が使われるかは、慣習によります。Java言語をベースとしたものは8080、Ruby言語をベースとしたものは3000が使われることが多いです。

> **！注意**
>
> 本書では作成したインフラの動作確認として、第13章でRuby言語を使ったサンプルを動かすため、ポート番号は3000を使うことにします。

7.2 🗄 ロードバランサーを用意する

それでは、ロードバランサーの準備にかかりましょう。

7.2.1 🧩 作成内容

ロードバランサーの設定項目のうち、デフォルト値から変更するものを表7.2に示します。

表7.2　ロードバランサーの設定項目

項目		値	説明
Load balancer name（名前）		sample-elb	ロードバランサーにつける名前
VPC		sample-vpc	ロードバランサーがリクエストを分散するWebサーバーが作成されているVPC
Mappings（アベイラビリティゾーン）		sample-subnet-public01	上記VPCに含まれるパブリックサブネット
		sample-subnet-public02	
Security groups（セキュリティグループ）		default sample-sg-elb	ロードバランサーに設定するセキュリティグループ。外部向けと内部向けの2つを設定する
Target groups（ターゲットグループ）	Target group name（名前）	sample-tg	ロードバランサーがリクエストを分散するWebサーバーを登録するグループ
	Protocol（プロトコル）	HTTP	Webサーバー上でリクエストを受け付けるプロトコル
	Port（ポート）	3000	Webサーバー上でリクエストを受け付けるポート番号
	Available instances（登録済みターゲット）	sample-ec2-web01	ロードバランサーがリクエストを分散するWebサーバー
		sample-ec2-web02	

7.2.2 アベイラビリティーゾーン

　アベイラビリティーゾーンは、ロードバランサーが使うアベイラビリティーゾーンを指定します。選択できるのは、第4章でサブネットを作成したアベイラビリティーゾーンのみです。注意点としては、インターネットゲートウェイへの経路があるサブネット（本書ではパブリックサブネット）を指定する必要があることです（図7.4）。間違ったサブネットを指定すると、外部からWebサーバーに到達できなくなります。

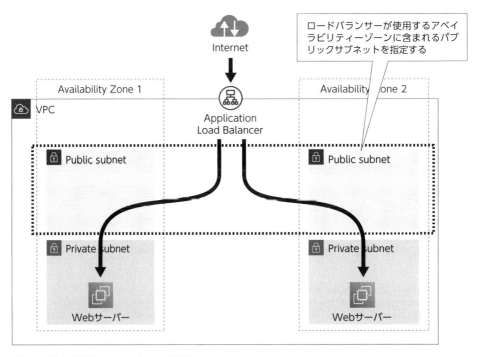

図7.4　アベイラビリティーゾーンの指定

7.2.3 ロードバランサーとターゲットグループ

　Application Load Balancerの設定項目には、次の2種類があります（図7.5）。

- ● ロードバランサー
- ● ターゲットグループ

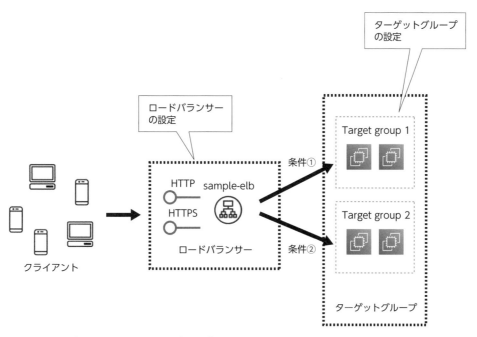

図7.5　ロードバランサーとターゲットグループ

（アイコン）ロードバランサー

どのようなプロトコル（HTTPやHTTPSなど）を受け付けるかというような、主にインターネットからロードバランサーにアクセスするときに関係する設定を行います。実際にクライアントからの処理を受け付ける機能は**リスナー**と呼ばれます。図7.5では、HTTPとHTTPS用の2つのリスナーが存在しています。

（アイコン）ターゲットグループ

どのWebサーバーにリクエストを分散させるかといった、主にロードバランサーからWebサーバーにアクセスするときに関係する設定を行います。

1つのロードバランサーには複数のターゲットグループを指定できます。これにより、インターネットからのアクセスを、条件によって異なるWebサーバーに振り分けるといった動作をさせることができます。

145

7.2.4 ロードバランサーの作成手順

それでは、ロードバランサーを作成します。

> **注意**
>
> 本書執筆時点では、Application Load Balancerの最新の設定画面は日本語化されていませんでした。項目名の日本語は、古い設定画面のものです。

まず、AWSマネジメントコンソール画面の左上にある「サービス」メニューから、EC2のダッシュボードを開きます。そこから「ロードバランサー」の画面を開き、[ロードバランサーの作成] ボタンをクリックします（図7.6）。

図7.6　ロードバランサーの作成開始

次に、作成するロードバランサーの種類を選択します（図7.7）。AWSで用意されている4種類のロードバランサーを選択できます。ここでは、HTTP/HTTPS通信に特化したロードバランサーを選択するため、Application Load Balancerの [Create] ボタンをクリックします。

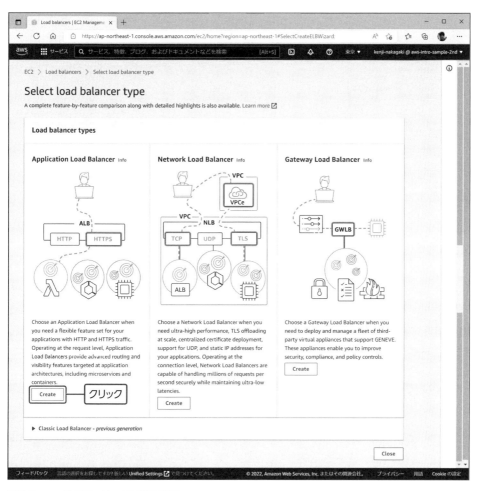

図7.7　ロードバランサーの種類の選択

　以降の手順では、表7.2をもとに設定を行ってください。

手順1：ロードバランサーの設定

　ここからロードバランサーの具体的な設定に入っていきます。

　まずは「Basic configuration（基本的な設定）」のカテゴリで、ロードバランサーの名前を設定します（図7.8）。この名前は、単純に管理をしやすくするためにつけるものです。第4章で紹介した命名規則にそってわかりやすい名前をつけてください。

147

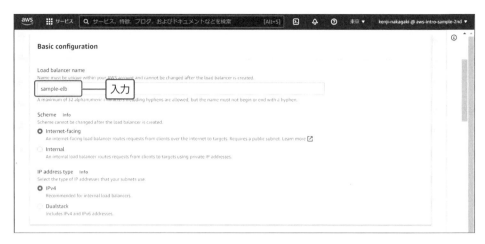

図7.8　ロードバランサーの設定：「Basic configuration（基本的な設定）」のカテゴリ

　次に「Network mappings（アベイラビリティゾーン）」のカテゴリで、VPCとアベイラビリティーゾーンを指定します（図7.9）。これはロードバランサーとVPCを繋げるための設定です。VPCには、第4章で作成したVPCを選択します。アベイシビリティーゾーンには、第4章で作成したパブリックサブネットを指定します。

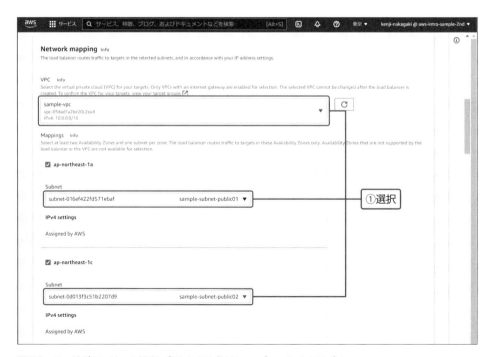

図7.9　ロードバランサーの設定：「アベイラビリティーゾーン」のカテゴリ

　この他の設定項目は、デフォルト（既定）でインターネットからのアクセスを受け付けられる設定になっているため、変更の必要はありません。

手順2：セキュリティグループの設定

　この手順では、ロードバランサーにセキュリティグループを設定します（図7.10）。ここでは、2つのセキュリティグループを設定します（表7.3）。defaultがあらかじめ選択されているので、[sample-sg-elb]を選択して追加します。

図7.10　セキュリティグループの設定

表7.3　ロードバランサーに設定するセキュリティグループ

セキュリティグループ	用途
default	ロードバランサーがVPC内のリソースにアクセスするため
sample-sg-elb	ロードバランサーがインターネットからのHTTP/HTTPSアクセスを受け付けるため

手順3：リスナーとルーティングの設定

　ここからはターゲットグループの設定になります。

　本書の手順に沿って進めた場合、この時点ではまだターゲットグループは作成されていないので、[Create target group]リンクをクリックしてターゲットグループの作成手順に進みます（図7.11）。

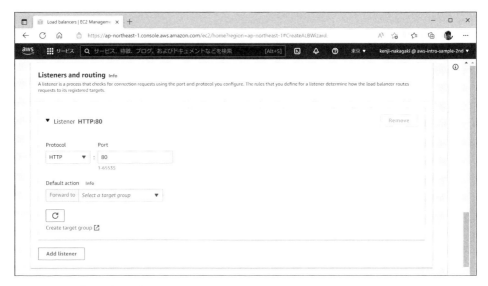

図7.11　ターゲットグループの作成

　まず「Basic configuration（ターゲットグループ）」のカテゴリで、ターゲットグループの設定を行います（図7.12）。はじめに、「Choose a target type」でターゲットのタイプを選択します。今回はバランスする先はEC2インスタンスなのでInstancesを選択します。次に「Target group name」でターゲットグループの名前を設定します。この名前は管理をしやすくするためにのみ使われるもので、動作に影響はありません。命名規則に沿ってわかりやすい名前をつけてください。

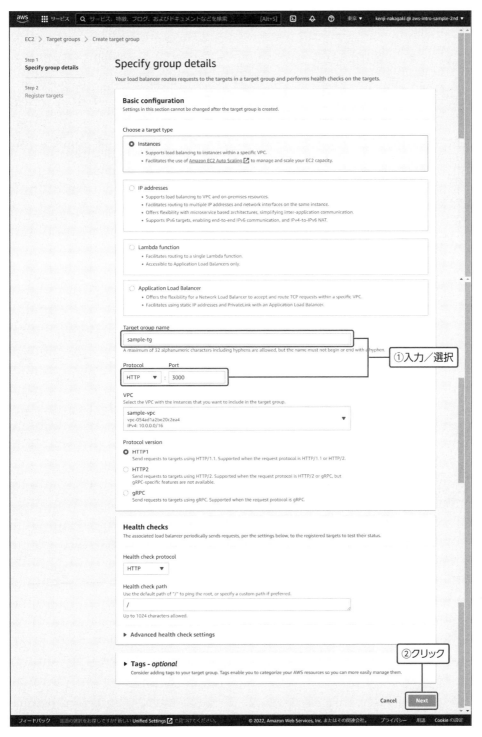

図7.12　ルーティングの設定

　Protocol（プロトコル）とPort（ポート番号）は、ロードバランサーからWebサーバーに接続するときのものを利用します。たとえば、「インターネットからのアクセスはHTTPSでポート番号は443番で行われるが、ロードバランサーで暗号化を解除するようにして、WebサーバーはプロトコルがHTTPでポート番号が3000」といった設定が行えます。ここでは、Protocol（プロトコル）は「HTTP」、Port（ポート番号）は「3000」を指定します。

　「VPC」には、ターゲットとなるEC2インスタンスが作成されるVPCを指定します。今回はsample-vpcになります。

　「Protocol Version」では、利用する通信プロトコルを設定します。一般的なWebアプリケーションではHTTP1を利用します。

NOTE

HTTP2とgRPCはクライアントとサーバーで双方向の通信を行うような、よりインタラクティブなサービスで使われるプロトコルです。

　「Health checks（ヘルスチェック）」のカテゴリでは、ロードバランサーが各Webサーバーの動作状況を確認するために使うパスを指定します。もし、このパスへのリクエストが指定された回数失敗した場合、ロードバランサーは該当のWebサーバーを自動的に振り分け先にしないように判断します。ここでは、デフォルト（既定）の設定のままにします。

　設定が終わったら［Next］ボタンをクリックします。

注意

「7.2.3　ロードバランサーとターゲットグループ」で説明した通り、1つのロードバランサーには複数のターゲットグループを指定できます。ただし本書では、ターゲットグループは1つだけ作成します。

 手順4：ターゲットの登録

　次にターゲットグループに登録するEC2インスタンスを選択します。画面上部のEC2インスタンスからターゲットグループに登録するEC2インスタンス（ここでは、sample-ec2-web01とsample-ec2-web02）にチェックを入れて、［Include as pending below］ボタンをクリックします。すると、画面下部のレビュー対象ターゲットにインス

タンスが追加されます（図7.13）。

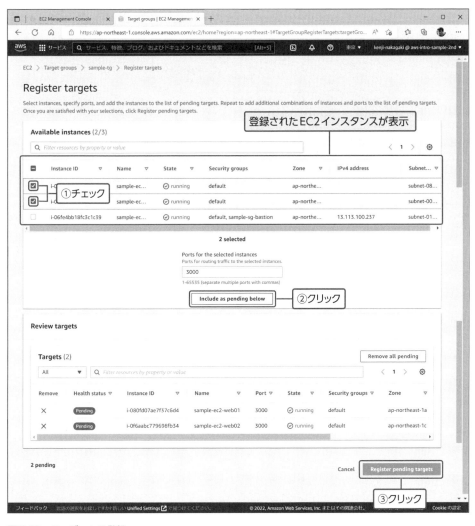

図7.13　ターゲットの登録

　正しく追加したら、[Register pending targets] ボタンをクリックします。

　Pending（保留中）のインスタンスがターゲットに含まれているがよいか、という確認
ダイアログが表示されるので、[Continue] ボタンをクリックします（図7.14）。

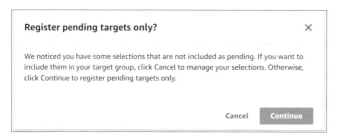

図7.14　保留中の確認ダイアログ

これでターゲットグループが作成されました（図7.15）

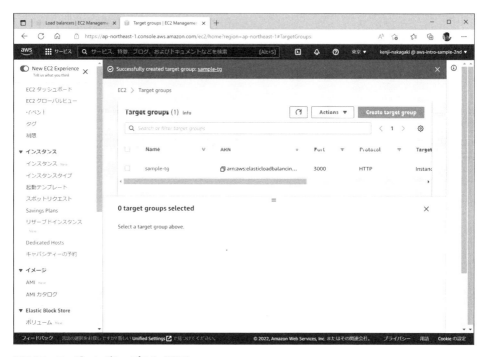

図7.15　ターゲットグループの作成完了

　ターゲットグループの作成を行ったブラウザのタグを閉じて、もともとロードバランサーの作成を行っていたタグに戻ります。ターゲットグループが作成されたので［更新］ボタンを押すと、作成したターゲットグループが選択できるようになっているので、選択します（図7.16）

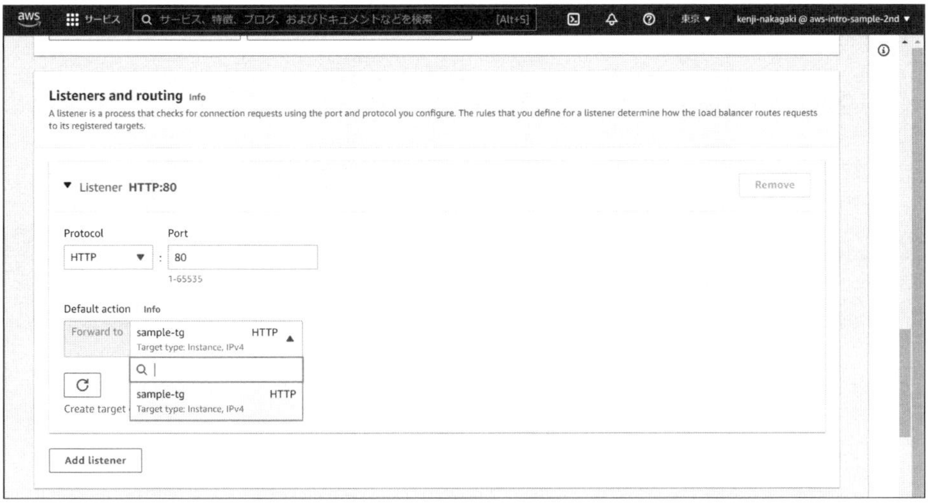

図7.16 ターゲットグループの選択

手順5：確認

最後に登録内容を確認します。正しく登録できていることを確認して［Create load balancer］ボタンをクリックします（図7.17）。

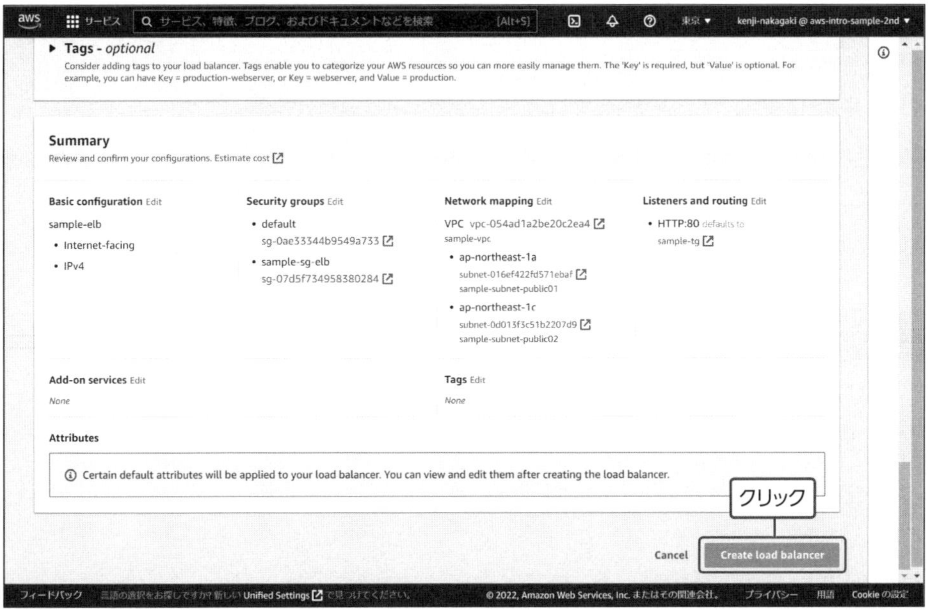

図7.17 確認

155

　これで正常にロードバランサーが作成されました（図7.18）。なお、画面の説明にあるように、ロードバランサーが正常に作成されてから、実際にリクエストを分散する動作をするようになるまでには、数分程度のタイムラグが発生することに注意してください。

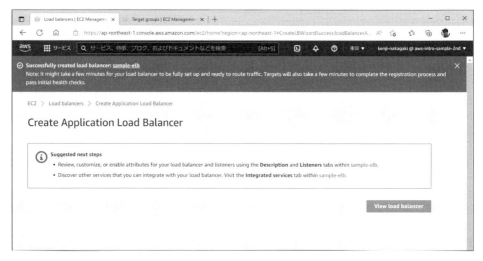

図7.18　ロードバランサーの作成完了

7.3　動作確認

　正しく設定ができたかどうか、動作確認を行います。ロードバランサーを作成することで、インターネットとWebサーバーが繋がります。そのため、ブラウザで動作確認を行うことができます。

7.3.1　動作確認の手順

HTTPリクエストを受け付ける準備

　まずは、Webサーバー上でHTTPリクエストを受け付ける準備をしましょう。通常はApacheやNginxなどといったHTTPサーバープログラムをインストールしますが、ここではWebサーバーを作成するときに利用したAmazon Linux 2に、あらかじめインストールされているPythonを使って準備を行います。

　まず、PowerShellを2つ起動します。そして、それぞれでWebサーバーweb01と
web02にSSHで接続します。

```
PS C:¥Users¥nakak> ssh web01
[ec2-user@ip-10-0-67-110 ~]$
```

```
PS C:¥Users¥nakak> ssh web02
[ec2-user@ip-10-0-90-105 ~]$
```

　Webサーバーに接続したら、次の作業を行います。

①index.htmlファイルを作成する
②PythonでHTTPサーバーを起動する

①index.htmlファイルを作成する

　SSHで接続したディレクトリに、vimエディタなどを使ってindex.htmlファイルを
作成します。index.htmlファイルの内容は、リスト7.1のような簡単なHTMLにします。

リスト7.1　index.html

```
<html><body>hello world</body></html>
```

②PythonでHTTPサーバーを起動する

　続いて、次のように、index.htmlが存在するディレクトリで、Pythonを使って
HTTPサーバーを起動します。正しく起動すると、ロードバランサーからヘルスチェック
を行うための定期的な接続に対するアクセスログが表示され続けるようになります。

実行結果　PythonでHTTPサーバーを起動

```
[ec2-user@ip-10-0-67-110 ~]$ python -m SimpleHTTPServer 3000
Serving HTTP on 0.0.0.0 port 3000 ...
10.0.31.193 - - [25/Sep/2022 05:57:57] "GET / HTTP/1.1" 200 -
10.0.15.146 - - [25/Sep/2022 05:58:12] "GET / HTTP/1.1" 200 -
10.0.31.193 - - [25/Sep/2022 05:58:27] "GET / HTTP/1.1" 200 -
    .
    .
    .
```

リクエストをルーティングしているか確認する

　この準備をしても、ロードバランサーはすぐにリクエストをルーティングしません。何回かWebサーバーにヘルスチェックのリクエストを行い、それらのリクエストがすべて成功して初めてリクエストをルーティングするようになります。リクエストをルーティングしているかどうかは、ターゲットグループで確認できます。

　EC2のダッシュボードから「ターゲットグループ」をクリックして、対象のターゲットグループ（ここでは、sample-tg）を選択します。選択したターゲットグループの情報が表示されるので、「Targets」というタブを選択し、「Health status」列を確認します（図7.19）。「Health status」列が「healthy」になっていれば、対象のWebサーバーへリクエストがルーティングされています。

図7.19　ターゲットグループの情報画面

ブラウザでアクセスする

これでロードバランサーにアクセスする準備ができました。ブラウザを使って動作確認を行いましょう。

作成したロードバランサーに外部からアクセスするためのドメイン名は、ロードバランサーの設定画面で確認できます。EC2のダッシュボードから「ロードバランサー」をクリックして、ロードバランサーの設定画面を表示します。作成したロードバランサーを選択して、「説明」というタブを開くと、ロードバランサーの設定情報が表示されます（図7.20）。「DNS名」に表示されているアドレスがドメイン名です。

図7.20 ロードバランサーの設定画面の「説明」タブ

このドメイン名をブラウザで開くと、Webサーバーの画面が表示されます（図7.21）。

図7.21 Webサーバーに接続成功

159

　最後に、キーボードから［Ctrl］＋［C］キーを押し、確認で使ったPythonのプログラムを終了させます。また、不要となったindex.htmlファイルも削除しておいてください。

　これでロードバランサーの動作確認が完了しました。

第 8 章

データベースサーバーを用意しよう

　ここまでの章で、ようやくインターネットからのアクセスができるインフラになりました。この章では、本格的なシステムでは欠かせないデータベースを用意する方法について説明していきましょう（図8.1）。

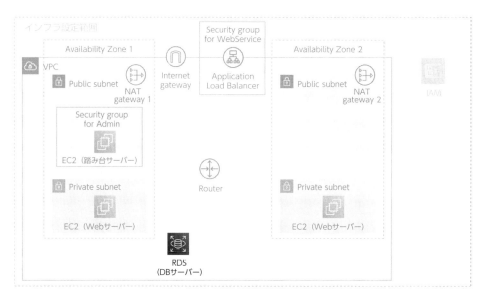

図8.1　第8章で作成するリソース

> **！ 注意**
>
> この章で作成する「RDS」は、1時間単位で使用料がかかります。学習が終了したら、巻末付録の「リソースの削除方法」で説明する手順にそってリソースを削除してください。

8.1 データベースサーバーとは？

　「データベース」という言葉はかなり一般的かつ幅広い意味を持ちますが、ここではアプリ／システム開発でよく使われる**リレーショナルデータベース**（Relational Database：**RDB**）のことをいいます。

　リレーショナルデータベースとは、次の特徴を持つデータベースです（図8.2）。

- 参照関係を持つ複数のテーブルでデータを管理する
- SQLという専用の問い合わせ言語を用いてデータの入出力を行う

有名なリレーショナルデータベース製品には、オープンソースではMySQLやPostgreSQL、商用ではOracleやMicrosoft SQL Serverなどがあります。

Webサービスを構築するときには、Webサーバーから問い合わせを受けて結果を返す**データベースサーバー**のような構成で使われることが多いです。

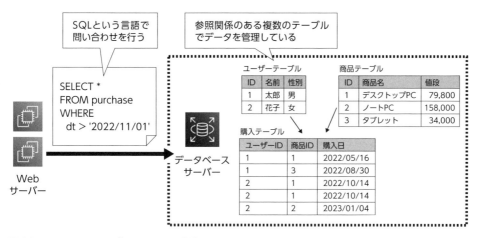

図8.2 リレーショナルデータベースの特徴

8.2 RDS

リレーショナルデータベース製品は、LinuxやWindowsなどのOSが動作しているサーバー上にインストールして動作するプログラムとして用意されています。そのため、EC2で作成したサーバー上にこれらの製品をインストールしてデータベースサーバーにすることもできます。しかしこのような使い方には、以下のような課題があります。

- データベース製品のインストール作業を行わなくてはならない
- EC2のOSそのものの管理をしなくてはならない（セキュリティ対策など）
- 不測の障害発生時対応が必要な場合、その準備を行わなければならない

　このような課題を解決するために、AWSでは**RDS**（**Amazon RDS**：Amazon Relational Database Service）というマネージドサービスが用意されています（図8.3）。RDSは上記の作業があらかじめ行われた環境を提供しています。利用者は単に、利用する製品やスペックなどを指定するだけで、簡単にデータベースサーバーを構築できます。

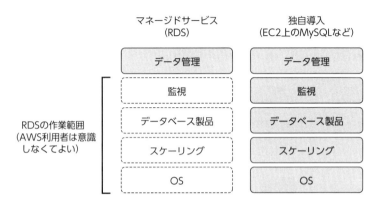

図8.3　RDSの作業範囲

 NOTE

AWSマネージドサービス

RDSのように、動作するサーバーやOSを意識せずに必要なサービスを構築できる仕組みを、AWSでは**AWSマネージドサービス**と呼んでいます。AWSマネージドサービスには、他にも検索エンジンやキャッシュサーバーなど多数用意されています。

AWSマネージドサービスを利用すると、高性能なサービスを安く用意できます。また、第4章で紹介したVPCの設定（特にセキュリティ設定）などとも相性がよいです。積極的な利用を検討してください。なお正式名称は「AWSマネージドサービス」ですが、本書では省略して「マネージドサービス」と記述しています。

8.2.1　RDSの仕組み

　それでは、RDSの仕組みについてもう少し見ていきましょう。

　RDSは次の4つで構成されます（図8.4）。

● データベースエンジン

- パラメータグループ
- オプショングループ
- サブネットグループ

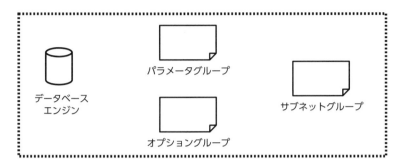

図8.4　RDSの構成

データベースエンジン

　実際にデータが保存されたり問い合わせに応じたりするデータベース本体を表します。RDSではMySQLやPostgreSQLなどをはじめとする、さまざまなデータベース製品を、データベースエンジンとして選択できます。また、データベースエンジンは、性能を上げたり耐障害性を高めたりするために、内部的に複数のインスタンスで構成できます。

パラメータグループ

　主にデータベースエンジン固有の設定を行うためのものです。使用する言語やデータベースのチューニングの設定を行うことができます。

オプショングループ

　主にRDS固有の設定を行うためのものです。AWSによるデータベースの監視に関する設定などを行うことができます。

サブネットグループ

　データベースサーバーを複数のアベイラビリティーゾーンに分散させて配置するときに使われる設定です。Webサーバーとは仕組みや概念は少し異なりますが、データベースサーバーも複数台のサーバーを用意することで、信頼性を高めたりパフォーマンスを上げたりできます。複数のデータベースサーバーを分散して用意できるサブネットを、サブネットグループとして設定します。

8.3 データベースサーバーを作成する流れ

本書のサンプルでは、RDSのデータベースとしてMySQLを使用します。データベースを作成するには、データベース関連の各種設定を作成する必要があります。そのため以下のような流れで、MySQLを使用したデータベースサーバーを作成していきます。

① パラメータグループを作成する
② オプショングループを作成する
③ サブネットグループを作成する
④ データベースを作成する

MySQLでデータベースの設定を行うために、パラメータとオプションが必要です。パラメータはMySQLサーバー本体が用意している設定項目、オプションはRDSに関連する追加の設定項目です。最初に、この2つの項目を作成します。

続いて、データベースサーバーを作成するサブネットマスクを定義します。

そして最後にデータベースを作成します。

8.4 パラメータグループを作成する

まずはパラメータグループから作成していきます。**パラメータグループ**とは、MySQLが用意するデータベースの設定を行うための領域です。パラメータグループを使用することで、データベースの性能改善や使用状況などの把握、機能の追加などを行うことができます。

あらかじめ用意されているデフォルト（既定）のパラメータグループがありますが、このパラメータグループは変更できません。そのため、必ず新しいパラメータグループを作成し、これをデータベースに適用します。

8.4.1 作成内容

パラメータグループの設定項目のうち、デフォルト値から変更するものを表8.1に示します。

表8.1　パラメータグループの設定項目

項目	値	説明
パラメータグループファミリー	mysql8.0	使用するデータベース製品
タイプ	DB Parameter Group	通常のRDS用か、クラスタリングされるRDS（例：Amazon Aurora）用かを表す
グループ名	sample-db-pg	パラメータグループを一意に識別するための情報
説明	sample parameter group	パラメータグループの説明

8.4.2　パラメータグループの作成手順

　それでは、パラメータグループを作成しましょう。

　まず、AWSマネジメントコンソール画面の左上にある「サービス」メニューから、RDSのダッシュボードを開きます。そこから「パラメータグループ」の画面を開き、[パラメータグループの作成] ボタンをクリックします（図8.5）。

図8.5　パラメータグループの作成開始

　次にパラメータグループの設定を行います（図8.6）。

　MySQLのパラメータは、作成するアプリの用途についてさまざまな設定方針があります。本書ではそのようなアプリ固有の設定については説明しません。しかしデフォルトの設定でも基本的な動作は行われるため、デフォルト（既定）設定のコピーを採用することにします。

- **パラメータグループファミリー**：適用先のデータベースを選択します。ここでは、MySQL 8.0を利用するので「mysql8.0」を指定します。
- **タイプ**：パラメータグループが通常のRDS用かクラスタリングされるRDS用かを選択します。MySQL 8.0は通常のRDSなので"DB Parameter Group"を指定します。
- **グループ名**：パラメータグループを一意に識別するための名前です。命名規則に沿って命名します。
- **説明**：これから作成するパラメータグループに関する説明文を設定します。

設定が終わったら［作成］ボタンをクリックします。

図8.6　パラメータグループの作成

これでパラメータグループが作成されました。

8.5　オプショングループを作成する

次はオプショングループの作成です。パラメータグループと同じくデフォルトのオプショングループがありますが、それは設定項目を変更できません。必ず新しいオプショングループを作成し、これをデータベースに適用します。

8.5.1 作成内容

オプショングループの設定項目のうち、デフォルト値から変更するものを表8.2に示します。

表8.2 オプショングループの設定項目

項目	値	説明
グループ名	sample-db-og	オプショングループを一意に識別するための情報
説明	sample option group	オプショングループの説明
エンジン	mysql	データベースの種類
メジャーエンジンバージョン	8.0	データベースのバージョン

8.5.2 オプショングループの作成手順

それでは、オプショングループを作成しましょう。

まず、AWSマネジメントコンソール画面の左上にある「サービス」メニューから、RDSのダッシュボードを開きます。そこから「オプショングループ」の画面を開き、[グループを作成] ボタンをクリックします（図8.7）。

図8.7 オプショングループの作成開始

次にオプショングループの設定項目を入力していきます（図8.8）。

- **名前**：オプショングループを一意に識別する名前を、命名規則に沿って設定します。
- **説明**：オプショングループの説明を設定します。
- **エンジン**と**メジャーエンジンバージョン**：オプショングループを適用したいデータベースの種類を指定します。ここではそれぞれ「mysql」「8.0」（MySQL 8.0）です。

設定が終わったら［作成］ボタンをクリックします。

図8.8　オプショングループを作成

これでオプショングループが作成されました。

8.6　サブネットグループを作成する

　次はサブネットグループの作成です。**サブネットグループ**とは、第4章で作成したサブネットを2つ以上含んだグループのことです。

　EC2を作成するときには、作成するサブネットを直接指定しました。しかし、RDSを作成するときにはサブネットグループを指定して、どのサブネットに作成されるかはAWSに任せることになります。RDSには**マルチAZ**という機能があり、この機能を利用すると自動的に複数のアベイラビリティーゾーンにデータベースを作成して、耐障害性を高めることができます。

8.6.1 作成内容

サブネットグループの設定項目のうち、デフォルト値から変更するものを表8.3に示します。

表8.3　サブネットグループの設定項目

項目	値	説明
グループ名	sample-db-subnet	サブネットグループを一意に識別するための情報
説明	sample db subnet	サブネットグループの説明
VPC	sample-vpc	サブネットが属するVPC
アベイラビリティーゾーン	ap-northeast-1a ap-northeast-1c	サブネットが属するアベイラビリティーゾーン
サブネット	sample-subnet-private01 sample-subnet-private02	サブネットグループが使用するサブネット

8.6.2 サブネットグループの作成手順

それでは、サブネットグループを作成しましょう。

AWSマネジメントコンソール画面の左上にある「サービス」メニューから、RDSのダッシュボードを開きます。そこから「サブネットグループ」の画面を開き、[DBサブネットグループを作成] ボタンをクリックします（図8.9）。

図8.9　サブネットグループの作成開始

サブネットグループの設定を行います。

171

まず「サブネットグループの詳細」というカテゴリで次の3つを指定します（図8.10）。

- **名前**：サブネットグループを一意に識別するための名前を命名規則に沿って設定します。
- **説明**：サブネットグループに関する説明を設定します。
- **VPC**：サブネットグループに含めるサブネットが属するVPCを設定します。

図8.10　サブネットグループの詳細

次に「サブネットを追加」というカテゴリに移動します（図8.11）。

図8.11　サブネットを追加

　ここでは、第4章で作成した4つのサブネットのうち、プライベートになっている2つのサブネットと、それが含まれるアベイラビリティーゾーンを追加します。

- **アベイラビリティーゾーン**：プライベートサブネットが含まれるアベイラビリティーゾーン2つ（表8.3のアベイラビリティーゾーン）を選択します。
- **サブネット**：プライベートサブネット2つ（表8.3のサブネット）を選択します。

　この操作を行うと、2つのプライベートなサブネットが「選択したサブネット」に追加された状態になります（図8.12）。

図8.12　選択したサブネット

> ！ **注意**
>
> パブリックなサブネットをサブネットグループに追加すると、外部に公開されているサブネットに直接データベースが置かれることになり、セキュリティ上の問題が発生する可能性があります。基本的には、パブリックなサブネットをサブネットグループに追加しないでください。

正しく追加できたら、画面下部の［作成］ボタンをクリックします。

これでサブネットグループが作成されました（図8.13）。

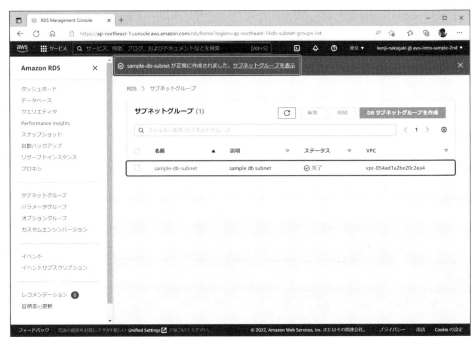

図8.13　作成されたサブネットグループ

8.7　データベースを作成する

データベースの作成に必要な各種設定が作成できました。最後にデータベースを作成します。

8.7.1　作成内容

データベースの設定項目のうち、デフォルト値から変更するものを表8.4に示します。

表8.4 データベースの設定項目

項目	値	説明
エンジンのタイプ	MySQL	使用するデータベース製品
テンプレート	無料利用枠	以降の設定のテンプレート **WEB** https://aws.amazon.com/jp/rds/free/
DBインスタンス識別子	sample-db	データベースを一意に識別するための情報
マスターユーザー名	admin	データベースの管理用ユーザーの名前
マスターパスワード	(任意の長い文字列)	マスターユーザーのパスワード
DBインスタンスクラス	db.t2.micro	DBインスタンスのサイズ
Virtual Private Cloud	sample-vpc	RDSを作成するVPC
サブネットグループ	sample-db-subnet	事前に作成したサブネットグループ
パブリックアクセス可能	なし	VPC外部からのアクセスを許可するかどうか
既存のVPCセキュリティグループ	default	VPC内部からのアクセスで使われるセキュリティグループ
データベース認証オプション	パスワード認証	データベースの認証方法
最初のデータベース名	(空欄)	データベースインスタンス作成時に、同時に作成するデータベースの名前（あれば）
DBパラメータグループ	sample-db-pg	事前に作成したデータベースのパラメータグループ
オプショングループ	sample-db-og	事前に作成したデータベースのオプショングループ

8.7.2 データベースの作成手順

　それでは、データベースを作成します。

　まず、AWSマネジメントコンソール画面の左上にある「サービス」メニューから、RDSのダッシュボードを開きます。そこから「データベース」の画面を開き、［データベースの作成］ボタンをクリックします（図8.14）。

図8.14 データベースの作成開始

175

　次に「データベースの作成」画面でデータベースの設定を行っていきます。多くの設定項目が1つの画面に収まっているため、以降では画面内のカテゴリごとに説明していきます。表8.4をもとに設定を行ってください。

①データベース作成方法を選択

　最初に、データベースの作成方法を選択します（図8.15）。この設定項目は、データベースそのものの設定項目ではありません。この選択によって以降のカテゴリで選択できる項目が変わります。デフォルトで、すべての項目を手動で設定する「標準作成」が選択されているので、このままの設定にします。

図8.15　データベース作成方法を選択

②エンジンのオプション

　次に作成するデータベースのエンジンを選択します。ここでは、「MySQL」を選択します（図8.16）。エディションとバージョンについては、デフォルトで推奨されるものが設定されるので、その設定をそのまま採用します。

図8.16　エンジンのオプション

③テンプレート

　次に以降の設定のテンプレートを指定します（図8.17）。この項目は、データベースそのものの設定項目ではありません。以降の設定において、デフォルトの値を決めたり、選択できる項目をある程度絞ったりする働きをします。

　本書のサンプルは学習用ということで、「無料利用枠」を選択します。

図8.17　テンプレート

④可用性と耐久性

次に可用性と耐久性の設定を行います（図8.18）。

AWSで可用性と耐久性を上げるには、第4章で説明したアベイラビリティーゾーンを複数またぐようにリソースを設定することで実現します。RDSの場合には、**マルチAZ**という設定を行うと、1つのデータベースを複数のアベイラビリティーゾーンに配置してくれます。ただし、マルチAZを使うということは、実稼働しているデータベースと、いざというときのために待機しているデータベースの2つが用意されることになります。したがってコストもほぼ倍かかることに注意してください。

ここの設定項目は、③のテンプレートの指定によって選択できるものが変わります。「無料利用枠」を選択した場合、マルチAZ配置を選択することはできず、強制的に「単一DBインスタンス」が選択されます。プロジェクトの特性によって、マルチAZの選択の有無を決定してください。

図8.18　可用性と耐久性

⑤設定

次に各種設定を行います（図8.19）。

- **DBインスタンス識別子**：データベースを一意に識別するための名前をつけます。命名規則に沿って設定してください。
- **マスターユーザー名**：データベースを管理するユーザーの名前をつけます。本書では「admin」としましたが、他の名前を指定してもかまいません。
- **マスターパスワード**：マスターユーザーがデータベースに接続するときに使うパスワードです。推測されにくいものを選び、指定してください。「パスワードを確認」にも、同じパスワードを入力してください。

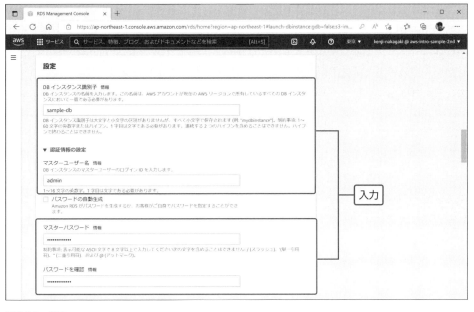

図8.19　設定

⑥ DBインスタンスクラス

　次にDBインスタンスのクラスを選択します（図8.20）。

　ここで選択できる項目は、テンプレートでの選択内容によって決まります。テンプレートで「無料利用枠」を選んだ場合は、デフォルトの設定（db.t3.micro）をそのまま使用するのがよいでしょう。その他のテンプレート（特に「本番用」）を選んだ場合には、想定される負荷に応じたクラスを選んでください。

図8.20　DBインスタンスクラス

　ここで選択した内容は、あとで変更できます。ただし変更する際には、データベースの再起動が必要となります。データベースの内容は消えずに残りますが、再起動中はデータベースにアクセスできなくなります。データベースのサイズや設定内容にもよりますが、数秒から数分のダウンタイムが発生します。そのため、想定されるスペックに適したクラス、できれば今後のサービスの成長を織り込んで、少し余裕のあるクラスにするとよいでしょう。

 ⑦ストレージ

　次にストレージの設定を行います（図8.21）。

　ストレージタイプにはデータベースサーバーが使用するストレージのタイプを、**ストレージ割り当て**にはデータベースサーバーが使用するストレージのサイズを指定します。③で選択したテンプレートごとに適切な値がデフォルト値として設定されています。特に意図がない限りはそのままにしておきます。ここでも「汎用SSD」「20GiB」のままとします。

　また、**ストレージの自動スケーリング**も、デフォルト値をそのまま使うのがよいでしょう。ただし、最大ストレージしきい値は、インフラにかけられる予算と勘案したうえで、上限値を決めるとよいでしょう。

図8.21　ストレージ

 ⑧接続

　次に接続に関する設定を行います（図8.22）。まず初めに、EC2コンピューティングリソースに接続するかしないかを選択します。ECコンピューティングリソースに接続する

場合は、ネットワークの設定は簡易になりますが、EC2インスタンスごとに設定をしなければならないので、EC2インスタンスの増減が考えられる環境だと管理の手間がかかります。そのため、[EC2コンピューティングリソースに接続しない]を選んでネットワーク的に接続を制御します。

- **Virtual Private Cloud（VPC）**：第4章で作成したVPCを指定します。その結果、先に作成したサブネットグループを筆頭に、デフォルト値で正しい値が設定されます。
- **既存のVPCセキュリティグループ**：「default」を選択して、VPC内からのアクセスを許可するようにします。

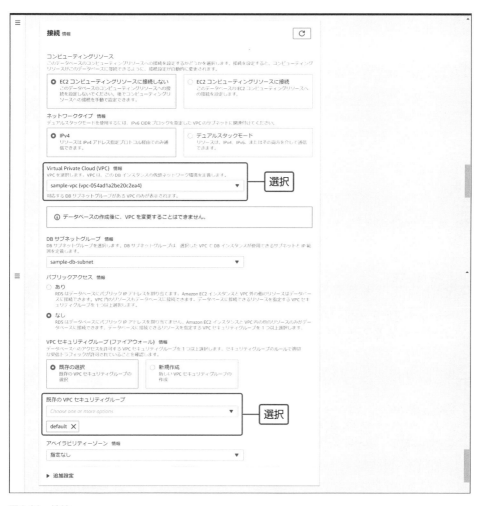

図8.22　接続

⑨データベース認証

次にデータベースの認証に関する設定を行います（図8.23）。

パスワード認証では、先ほど作成したマスターユーザーでデータベースに接続できます。**パスワードとIAMデータベース認証**では、マスターユーザー以外に、適切に権限を付与されたIAMユーザーで接続することもできます。パスワードとKerberos認証では、マスターユーザー以外に、AWS Directory Serviceというサービスで管理されるユーザーで接続することもできます。

IAMユーザーやAWS Directory Serviceで管理されるユーザーでデータベース認証を行う場合、メリットとデメリットの両方があります（NOTE参照）。そのため、一概にどちらが正しいということはありません。ここでは、比較的管理のしやすい「パスワード認証」を選択することにします。

図8.23　データベース認証

 NOTE

IAMユーザーやAWS Directory Serviceで管理される ユーザーによるデータベース認証の考慮点

IAMユーザーやAWS Directory Serviceで管理されるユーザーでデータベース認証を行う場合、主なメリット／デメリットとして次のものがあります。

メリット IAMやAWS Directory Serviceで用意されているセキュアなユーザー管理（パスワードの強度、強制的な再設定など）が使える

デメリット データベースに接続するユーザーをデータベース外で管理しなければならないため、管理が煩雑になる

⑩追加設定

最後にデータベースの追加設定を行います（図8.24）。

ここでは、**DBパラメータグループ**と**オプショングループ**に、先ほど設定したパラメータグループとオプショングループを指定します。

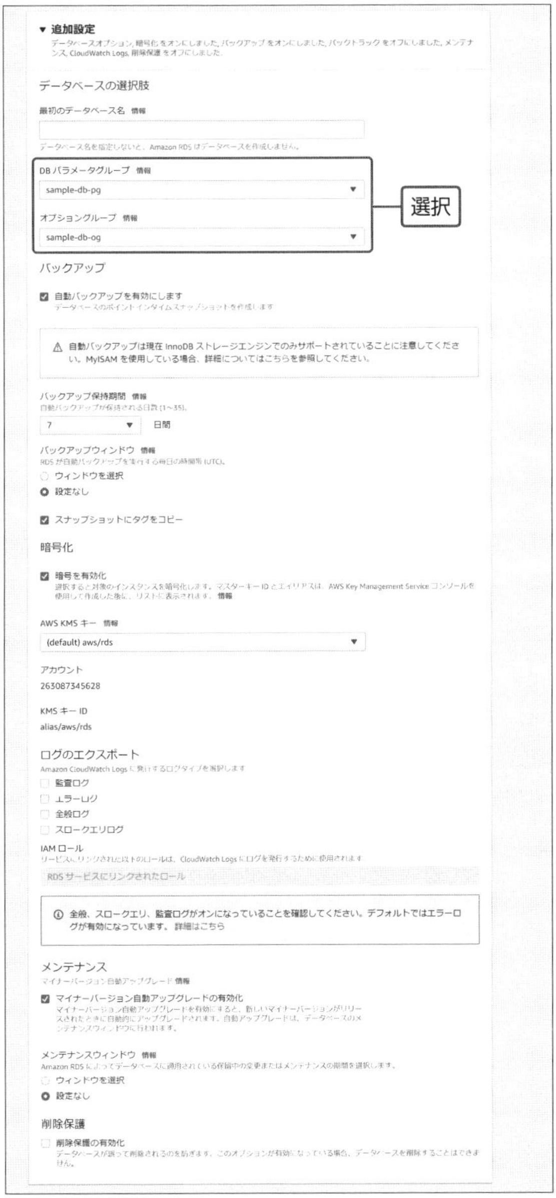

図8.24　追加設定

　その他は、特にデフォルトから変更するべき項目はありません。概算月間コストで大幅な違いが出ていなければ、［データベースの作成］ボタンをクリックします（図8.25）。

図8.25　データベースの作成

　これでデータベースサーバーは作成完了です。ただしデータベースの作成が完了してから、実際に再起動が完了するまで数分かかることがあります。あせらず、RDSのダッシュボードで作成したRDSのステータスが「利用可能」になるまで、しばらく待ちましょう。

正しく設定ができたかどうか、稼働しているデータベースサーバーに接続してみます。接続はWebサーバーから行います。Webサーバーに接続してから、MySQLコマンドを使ってデータベースに接続します。

MySQLコマンドは、標準ではAmazon Linux 2に含まれていないので、別途インストールする必要があります。WebサーバーにSSH接続を行った後、

```
PS C:¥Users¥nakak> ssh web01
```

以下のように「sudo yum -y install mysql」というコマンドを実行してインストールしてください。

実行結果 MySQLコマンドのインストール

```
$ sudo yum -y install mysql
Loaded plugins: extras_suggestions, langpacks, priorities, update-motd
amzn2-core     | 3.7 kB  00:00:00

(中略)

Installed:
  mariadb.x86_64 1:5.5.68-1.amzn2

Complete!
```

次にデータベースサーバー（MySQLデータベース）に接続します。接続先の情報は、RDSのダッシュボードから確認できます。

RDSのダッシュボードから「データベース」をクリックして、作成したインスタンス（ここでは、sample-db）を選択します。選択したインスタンスの情報が表示されるので、「接続とセキュリティ」タブを選択します（図8.26）。この画面にある「エンドポイントとポート」が接続先の情報です。

図8.26　インスタンスの画面の「接続とセキュリティ」タブ

　最後に、接続先の情報を使ってデータベースサーバーに接続できるか確認します。以下のコマンドを実行してみてください。「mysqld is alive」と表示されれば、MySQLデータベースに接続が成功しています。

実行結果　データベースサーバーへの接続

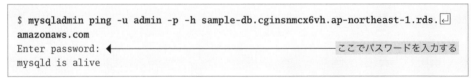

```
$ mysqladmin ping -u admin -p -h sample-db.cginsnmcx6vh.ap-northeast-1.rds.↵
amazonaws.com
Enter password: ◀─────────────────── ここでパスワードを入力する
mysqld is alive
```

　これでデータベースサーバーの動作確認ができました。

第 9 章

画像の保存場所を
用意しよう

　システムに保存される情報は、数値や文字だけではありません。画像のようなサイズの大きい情報も保存されることがあります。大きなサイズの情報はデータベースに収まりきらないので、それ専用の場所に保存すると扱いやすくなります。この章では、画像のような大きなデータを保存する場所について説明します（図9.1）。

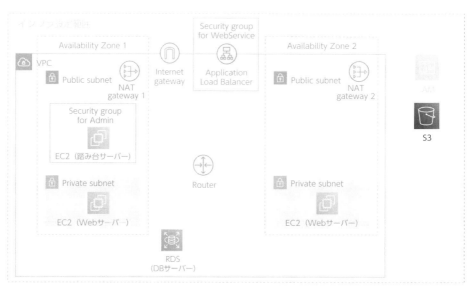

図9.1　第9章で作成するリソース

9.1　ストレージ

　ストレージとは、データを長期保存することを目的として用意されている、データの格納場所です。一番身近なストレージとしては、パソコンに搭載されているSSD（Solid State Drive）やハードディスクなどがあります（図9.2）。その他にも、外付けのUSBメモリーやDVDドライブもストレージの一種です。最近だと、Dropbox、OneDrive、iCloudなど、クラウド上に用意されたオンラインストレージもあります。

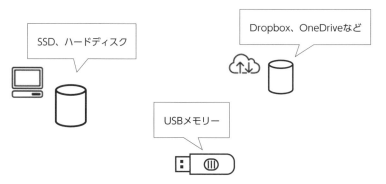

図9.2　ストレージの例

　ストレージは**補助記憶装置**とも呼ばれます。ストレージが補助であれば、主となる記憶装置もあります。これは**メモリー**のことです。ストレージとメモリーには、表9.1のような違いがあります。

表9.1　ストレージとメモリーの比較

項目	ストレージ	メモリー
速度	遅い	速い
容量あたりのコスト	安い	高い
データ保持期間	ずっと残る	電源オフによりなくなる
使い勝手	いったんメモリーに読み込んでから使用する	直接使用できる
用途	テキストや画像などを長期に保存する場所として	プログラムが動作するのに必要な情報を、一時的に保存する場所として（変数など）

　このように用途に応じて、ストレージとメモリーは使い分けます。

9.2　S3

　第5章や第6章で説明したEC2インスタンスには、SSDやハードディスクに該当するストレージが用意されています。このストレージは、**EBS**（**Amazon EBS**：Amazon Elastic Block Store）という名前で提供されているサービスです。EBSをストレージとして使った場合、以下のような課題が発生します。

- EC2インスタンスのOSそのものの管理をしなければならない（セキュリティ対策など）
- 不測の障害発生時対応が必要な場合、その準備をしなければならない
- EC2インスタンスが使えなくなることがある（SLA[注1]によると1年間に5分弱のサービス停止の可能性がある）

このような課題を解決するために、AWSでは**S3**というサービスが用意されています。

9.2.1　S3の作業範囲とコスト

S3（**Amazon S3**：Amazon Simple Storage Service）は、ストレージの管理を行うマネージドサービスです。上記課題の作業があらかじめ行われた環境を提供しています（図9.3）。AWSの利用者は単にS3を利用するだけで、簡単に専用のストレージを用意できます。

図9.3　S3の作業範囲

また、S3は耐障害性やコストの面で、EBSを使うより圧倒的な優位性があります。

EBSの場合は、AWSで保証されている数値はありません。EBSが動作しているハードウェアなどの故障に備えて、バックアップすることをAWSでは勧めています。

S3の場合は、耐久性99.999999999%が達成できるように設計されていると明記されています。これは計算上では、1千万個のファイルを1万年の間壊れずに保存できるほどの数値です。実務上では、S3に保存されたファイルが壊れてなくなってしまうことをほとんど考えなくてもよいくらいの信頼性があります。

注1　EBSのSLA（Service Level Agreement：サービス品質保証）は以下を参照。
　Amazon EC2 および EBS のサービスレベルアグリーメント（SLA）
　WEB https://aws.amazon.com/jp/compute/sla/

コストは、容量あたりにかかる値段になります。リージョンや確保する容量によって単価は変わるので単純な比較は難しいですが、S3とEBSを比べるとEBSは5倍ほど割高になります。また、EBSはEC2インスタンスと一緒に利用する必要があるため、さらにEC2インスタンスの使用料金もかかります。

このように性能やコストにおいて圧倒的な優位性があるS3ですが、S3はあくまで外部のストレージサービスになります。そのためEBSと違い、OSのファイルシステムとして使用できません。つまり、WindowsであればCドライブやDドライブとして割り当てることはできず、LinuxやMacであればファイルシステムとしてマウントすることはできません。この制約を考慮したうえで使い分けをする必要があります。

9.2.2 S3とVPCの関係

これまで紹介してきたAWSのサービス（EC2、ロードバランサー、データベース）は、すべてVPCの中に作成するものでした。しかしS3は、VPCの外に作成するものです（図9.4）。そのためS3にアクセスする方法は、次のようなケースが考えられます。

- インターネットからの直接アクセス
- VPCからのアクセス

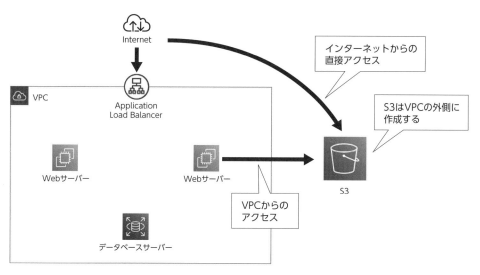

図9.4 VPCとS3の関係

　VPCの中のリソースからアクセスを行う場合は、S3のバケット[注2]に対するアクセス権限が必要となります。

　この権限は、通常IAMの**ロール**という概念を使って適用します（図9.5）。まず、対象となるS3のバケットにアクセスするためのポリシーを持ったロールを作成します。そして、そのロールをEC2に適用します。

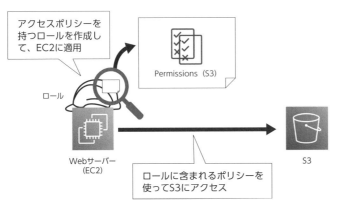

図9.5　ロールの適用

> **! 注意**
>
> 技術的には、S3にアクセスできるポリシーを持ったユーザーを作成して、そのユーザーの権限とアクセスキーの組み合わせでS3のバケットにアクセスすることも可能です。ただ、ロールを使った方法が一般的によく使われています。

9.2.3　S3の仕組み

　S3にデータを保存するには、まず「バケット」を作成する必要があります。**バケット**は、S3で管理するデータを1まとまりにした単位です（図9.6）。この中にサービスで利用するデータを保存します。

　バケットの中に保存するデータは**オブジェクト**と呼ばれます。オブジェクトは、ファイルに相当します。テキスト、画像、音声、動画など、ファイルとして扱えるものであればほぼすべて、S3のオブジェクトとして扱うことができます。大量のオブジェクトが存在する場合は、フォルダーを使って構造的に管理することもできます。

注2　バケットは、S3で管理するデータを1まとまりにした単位です。詳細は次項で解説します。

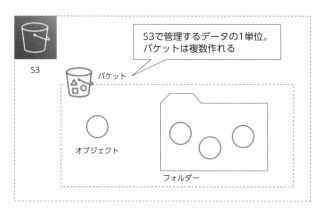

図9.6　S3の構造

9.3 S3のバケットを作成する

まずは、S3のバケットを用意しましょう。

9.3.1 作成内容

S3のバケットを作成するには、表9.2の設定を行います。

表9.2　S3の設定項目

項目	値	説明
バケット名	aws-intro-sample-2nd-upload ※重複しない名前を指定	S3のバケット名
リージョン	アジアパシフィック（東京）ap-northeast-1	S3バケットを作成するリージョン
パブリックアクセス	すべてブロック ※「パブリックアクセスをすべてブロック」を 　チェック	外部からのアクセスに対してS3バケットをどのように公開するかの設定

　バケット名は、S3のバケットにつける名前です。注意すべき点は、この名前は同じリージョン内にあるすべてのバケットを通じて、**重複しない名前**でなければならないということです。つまり、別のAWSアカウントで使われている名前でも、バケット名として利用できません。そのため、バケット名には、サービス名やドメイン名などを含めることが望ましいです。

9.3.2　バケットの作成手順

　まず、AWSマネジメントコンソール画面の左上にある「サービス」メニューから、S3のダッシュボードを開きます。そこから「バケット」の画面を開き、［バケットを作成］ボタンをクリックします（図9.7）。

図9.7　バケットの作成開始

　「バケットを作成」という画面が開くので、表9.2をもとに設定を行います。
　まず「一般的な設定」カテゴリで、バケット名とリージョンを設定します（図9.8）。

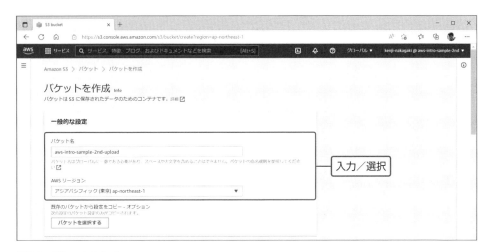

図9.8　バケットを作成

　次に「オブジェクト所有者」カテゴリに移動し、ACLの有効無効を設定します。ACLを有効にするのは、複数のAWSアカウントを使い分けるような、比較的大規模なインフラ環境を構築するときです。本書ではそのようなインフラは想定していないため、ACL無効を選択します。

図9.9　オブジェクト所有者

　次に「ブロックパブリックアクセスのバケット設定」カテゴリに移動し、データへのアクセス権限の設定を行います（図9.10）。この設定は、データの意図しない閲覧や更新を防ぐために重要なものとなります。デフォルトでは、「パブリックアクセスをすべてブロック」にチェックが入っているため、データは公開されません。そのため意図しない閲覧や更新を防げるようになっています。いったん作成してから、用途に合わせて必要なだけのアクセス権限を付与するようにしたほうがよいでしょう。本書では、チェックを入れたまま設定を進めます。

図9.10　ブロックパブリックアクセスのバケット設定

　残りのカテゴリは、そのままで問題ありません。設定が終わったら［バケットを作成］ボタンをクリックします（図9.11）。

図9.11　バケットを作成

　これでバケットが作成されました（図9.12）。

図9.12　作成されたバケット

9.4　ロールを作成してEC2に適用する

次に、WebサーバーからS3バケットにアクセスできるようにするためのロールを作成します。

9.4.1　作成内容

作成するロールの設定内容は、表9.3の通りです。

表9.3　ロールの設定内容

項目	値	説明
信頼されたエンティティ	AWSサービス / EC2	ロールを割り当てることのできる対象
許可ポリシー	AmazonS3FullAccess	ロールに割り当てるポリシー
ロール名	sample-role-web	ロールにつける名前
ロールの説明	upload images	ロールの説明

注意

本書では、許可ポリシーに**AmazonS3FullAccess**を指定しています。これは、ここで作成したS3バケットだけではなく、今後作成するすべてのS3バケットへのアクセス権限をこのロールが持つことを意味します。これが気になる方は、ここで作成したS3バケットだけアクセスできるポリシーを作成して、それを割り当ててください（p.255のコラム「特定のS3バケットにだけアクセスできるポリシーの作成」参照）。

9.4.2　ロールの作成手順

それでは、ロールを作成していきます。

AWSマネジメントコンソール画面の左上にある「サービス」メニューから、IAMのダッシュボードを開きます。そこから「ロール」の画面を開き、［ロールを作成］をクリックします（図9.13）。

図9.13　ロールの作成開始

エンティティとユースケース

　次にロールを割り当てることのできるエンティティ（対象）を指定します（図9.14）。ま
ず「信頼されたエンティティを選択」カテゴリで、「AWSのサービス」を選択します。次
に「ユースケース」カテゴリで、「一般的なユースケース」の中から「EC2」を選択しま
す。

　選択が終わったら［次へ］ボタンをクリックします。

図9.14　エンティティとユースケース

アクセス権限とタグ

　次に、ロールに割り当てるアクセス権限ポリシーを選択します（図9.15）。「Amazon S3FullAccess」にチェックを入れてください。ポリシーがたくさんあって見つけにくいときは、「ポリシーのフィルタ」にポリシー名の一部を入力すると、一覧を絞り込むことができます。

　選択が終わったら［次へ］ボタンをクリックします。

図9.15　アクセス権限

ロール名の入力と確認

　最後にロールの名前の入力と確認作業を行います（図9.16）。ここでは、ロール名に「sample-role-web」と入力します。ロールの説明はデフォルトのままでもよいですが、もう少し詳しい情報に置き換えるとわかりやすいでしょう。

　信頼されたエンティティや割り当てたアクセス権限ポリシーも確認し、間違いがなければ［ロールを作成］ボタンをクリックしてください。

199

図9.16　ロール名の入力と確認

これでロールが作成されました（図9.17）。

図9.17　作成されたロール

9.4.3 ロールを EC2 に適用する

　続いて、作成したロールを Web サーバーの EC2 インスタンス（sample-ec2-web01、sample-ec2-web02）に適用します。

　AWS マネジメントコンソール画面の左上にある「サービス」メニューから、EC2 のダッシュボードを開きます。そこから「インスタンス」の画面を開き、ロールを割り当てる EC2 インスタンスを選択します（図9.18）。選択した状態で画面右上の「アクション▼」をクリックしてください。ドロップダウンリストが表示されるので、［セキュリティ］→［IAM ロールを変更］を選択します。

図9.18　Web01 の EC2 インスタンスのロールを変更

> **注意**
>
> この画面でsample-ec2-web01とsample-ec2-web02を同時に選択すると、［セキュリティ］→［IAMロールを変更］が選択できない状態になります。EC2インスタンス1つずつ、順にロールの割り当てを行ってください。
> また、アクションのドロップリストに［セキュリティ］が見つからないときは、ドロップダウンリストの内容を下にスクロールしてください。

次にIAMロールに、先ほど作成したロールを指定します（図9.19）。指定ができたら［IAMロールの更新］をクリックしてください。

図9.19　作成したロールの適用

これでWeb01のEC2インスタンス（sample-ec2-web01）に、作成したロールが適用できました（図9.20）。

同様の手順で、Web02のEC2インスタンス（sample-ec2-web02）にも、作成したロールを適用してください。

図9.20　作成したロールの適用終了

9.5  動作確認

　正しく設定ができたかどうか、S3にデータを保存してみます。Amazon Linux 2には、S3などのAWSのリソースを操作するためのコマンドが用意されているので、これを使ってS3バケットにファイルをアップロードしてみましょう。

　まず、PowerShellを2つ起動し、ロールを適用したWebサーバーにSSHで接続します。

```
PS C:¥Users¥nakak> ssh web01
[ec2-user@ip-10-0-67-66 ]$
```

```
PS C:¥Users¥nakak> ssh web02
[ec2-user@ip-10-0-80-12 ]$
```

　次に、テスト用のテキストファイル（web01はtest01.txt、web02はtest02.txt）を用意してください（リスト9.1）。

リスト9.1　test01.txtおよびtest02.txt

```
This is a test file.
```

　このファイルを、**aws s3 cp**コマンドを使ってS3にアップロードします。「バケット名」は今回作成したS3バケットの名前に置き換えてください。ここでは「aws-intro-sample-2nd-upload」です。

実行結果｜**Webサーバー**　Web01 テストファイルのアップロード

```
$ aws s3 cp test01.txt s3://バケット名
upload: ./test01.txt to s3://バケット名/test01.txt
```

実行結果｜**Webサーバー**　Web02 テストファイルのアップロード

```
$ aws s3 cp test02.txt s3://バケット名
upload: ./test02.txt to s3://バケット名/test02.txt
```

　エラーが表示されなければ、アップロードが完了しています。S3のダッシュボードで確認してみましょう。「バケット」の画面を開いて、作成したバケットをクリックし（図9.21）、テストファイルがアップロードされていることを確認してください（図9.22）。

図9.21　バケットの情報画面を表示

図9.22　アップロードの確認

これでS3バケットの動作確認ができました。

第 10 章

独自ドメイン名と DNS を
用意しよう

　Webでアプリを（サービスとして）公開するためには、ドメイン名が必要です。わかりやすくて覚えやすいドメイン名は、Webサービスを広めるためにとても重要です。この章では、AWSを使って独自ドメイン名を取得して、それを有効にするための手順について学んでいきます（図10.1）。

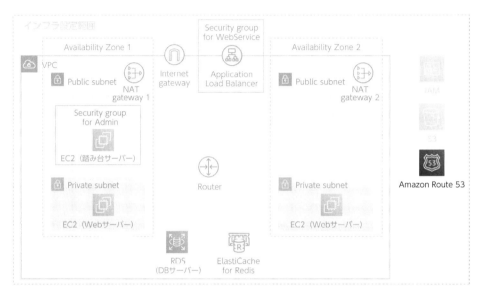

図10.1　第10章で作成するリソース

 注意

この章で説明する「ドメイン名」を一度購入すると払戻すことはできません。また1年後には、再購入するか、支払いをせずドメイン名を手放すかの選択をする必要があります。
また「パブリックDNSのホストゾーン」を作成すると、1カ月単位で使用料がかかります。ただし12時間以内に削除すれば使用料はかかりません。
学習が終了したら巻末付録の「リソースの削除方法」で説明する手順に沿ってリソースを削除してください。

10.1 ドメイン名とは？

インターネット上にはたくさんのサーバーが接続されています。通信するサーバーを特定するためには、それぞれのサーバーを識別するための情報が必要です。通信の内部処理では、この情報としてIPアドレスが使われます。しかしIPアドレスは数字の羅列で表現されるので、人間にとっては覚えにくいものです。そこで数値以外の文字も使って、人間にわかりやすく覚えやすい表現にしたものが考え出されました。これが**ドメイン名**です（図10.2）。

ドメイン名は、住所と同じように階層構造を使って名前が重複しないようになっています。日本の住所の表記とは逆で、要素は狭い範囲から広い範囲へと並べます。

ドメイン名：shoeisha.co.jp

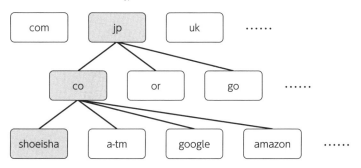

図10.2 ドメイン名の構造

10.1.1 DNS

ドメイン名からIPアドレスを決定することを**名前を解決する**といいます。この名前を解決する仕組みを提供するのが**DNS**（Domain Name System）です。

DNSはドメイン名を、ドメインの階層に合わせて分散して管理します。つまり、ドメインごとにドメイン名を管理するDNSサーバーが用意されています。それにもかかわらず、どのDNSサーバーに問い合わせをしても、世界中のすべてのドメイン名をIPアドレスに変換できます。これは、次の仕組みによって行われます。

- DNSサーバーが管理するドメインのドメイン名であれば、保存されているIPアドレスを返す
- DNSサーバーが管理するドメインのサブドメイン名であれば、サブドメインを管理するDNSサーバーに問い合わせる
- それ以外のドメイン名であれば、自身が所属する上位のDNSサーバーに問い合わせる

　たとえば、.shoeisha.co.jpを管理するDNSサーバーに、b.shoeisha.co.jpというドメイン名に対するIPアドレスの名前解決を問い合わせてみます（図10.3のA-❶）。DNSサーバーは、b.shoeisha.co.jpは管理下にあるので、222.222.222.222というIPアドレスを返すことができます（図10.3のA-❷）。

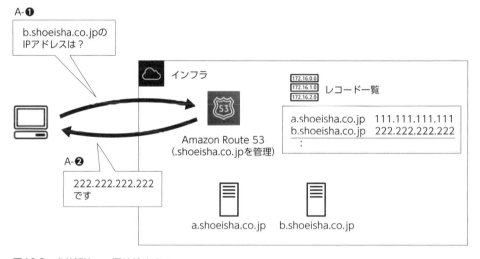

図10.3　名前解決——同じドメイン

　今度は、同じDNSサーバーにgoogle.co.jpというドメイン名に対するIPアドレスの名前解決を問い合わせてみます（図10.4のB-❶）。DNSサーバーはこのドメイン名を管理していません。また、問い合わせたドメイン名は、xxx.shoeisha.co.jpといったサブドメイン名も含まれていません。そのため、.co.jpドメインを管理する上位のDNSサーバーに問い合わせます（図10.4のB-❷）。.co.jpドメインを管理するDNSサーバーは、.google.co.jpドメインを管理する、配下のDNSサーバーに名前を問い合わせます（図10.4のB-❸）。このDNSサーバーが、google.co.jpというドメイン名に対するIPアドレスを返します（図10.4のB-❹）。

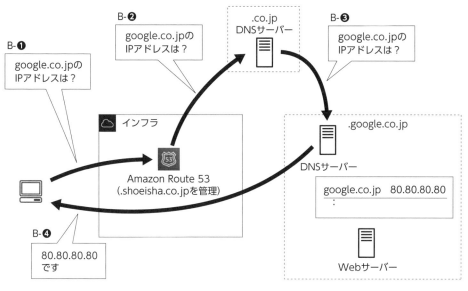

図10.4 名前解決 ── 異なるドメイン

 NOTE

ドメイン名とIPアドレスの関係

ドメイン名とIPアドレスは、必ずしも1対1の関係ではありません。1つのドメイン名が複数のIPアドレスに対応していることも、また逆に複数のドメイン名が同じIPアドレスに対応していることもあります。他にもDNSにはさまざまな決まりがあります。

10.1.2 SSLサーバー証明書

　ブラウザでWebサイトを閲覧するとき、通信を行うプロトコルとしてHTTPとHTTPSの2つがあります。2つの大きな違いは、Webサーバーとブラウザとの間の通信が、

- HTTPは**平文**（暗号化されていない状態）
- HTTPSは**暗号化された状態**

で行われるという点です。
　ブラウザからあるWebサーバーへ送られた暗号化したデータは、サイトの運営者が持

つ秘密の鍵で元のデータに戻すことができます。しかし、運営者以外の悪意を持つ誰かが、運営者に成りすましたサイトを構築してデータを盗み取ってしまう可能性もあります。

　そのため、このような成りすましが行われていないことを担保してくれる会社があります。この会社は**認証局**と呼ばれています。そして、担保を証明するものが**SSLサーバー証明書**です。SSLサーバー証明書は次のように運用します（図10.5）。

①運営者は、認証局にサイトのドメイン名の証明をする証明書の申請を行います。
②認証局は、運営者にSSLサーバー証明書を発行します。
③サイトを閲覧している人は、この証明書をブラウザで確認できます。

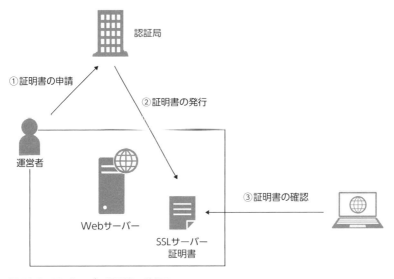

図10.5　SSLサーバー証明書の仕組み

　ほとんどのブラウザでは、アドレスバーに鍵アイコンが用意されています（図10.6）。この鍵マークをクリックすると、SSLサーバー証明書を確認できます。

　認証局を運営する会社は、申請を受けた会社から送られた絶対に漏洩してはならない重要なデータを管理する必要があります。そのため、信頼のおける認証局は限られた数しかなく、またSSLサーバー証明書を発行するために、コストがかかることがほとんどです。

図10.6 SSLサーバー証明書の確認（Microsoft Edge で表示）

10.2  Route 53

　AWSでは、DNSの役割を果たすネイティブサービスを、**Route 53**（**Amazon Route 53**）という名称で提供しています。Route 53には、次の2つの機能があります。

- ドメイン名の登録
- DNSサーバー

10.2.1 ドメイン名の登録

　ドメイン名の登録とは、上位のドメインを管理している組織に、自身のドメインを申請して登録してもらうことです。たとえば図10.7は、shoeisha.co.jpというドメイン名を登録してもらうための仕組みです。ドメイン名を管理するためには、.co.jpを管理している組織に申請をする必要があります（①）。申請が通れば、このドメイン名を取得することができます（②）。ドメイン名の取得を代行する会社が世の中にはいくつかありますが、Route 53を使えばAWSがドメイン名の取得を代行してくれます。

211

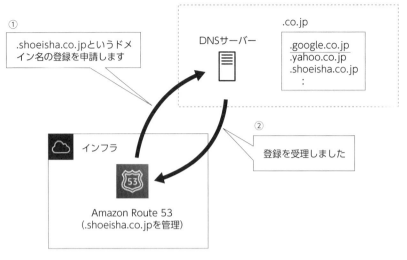

図10.7　ドメイン名の登録

10.2.2 🔧 DNSサーバー

　Route 53は、DNSサーバーの機能を提供するマネージドサービスです。Route 53を使わず、EC2インスタンスを使ってオープンソースのDNSサーバーを構築することも可能です。しかし、安定性やコストパフォーマンス、そしてロードバランサーとの連携などさまざまなメリットがあるので、積極的にRoute 53を利用したほうがよいでしょう。

　Route 53で作成するDNSサーバーは、用途に応じて次の2種類があります。

- **パブリックDNS**（外部に公開するDNS）
- **プライベートDNS**（外部に公開しないDNS）

⚡ 注意

AWSのドキュメントでは「パブリックDNS」という用語は使われていませんが、本章では**プライベートDNS**（外部に公開しないDNS）との対比のため、**パブリックDNS**（外部に公開するDNS）と呼びます。

🎯 パブリックDNS

　インターネットを経由する外部からの通信に対して、パブリックに公開しているサー

バーのドメイン名を名前解決するために使われます。たとえば、Webサーバーやロードバランサーなどを公開するときに使われるサーバーです。パブリックDNSは、名前解決により**パブリックIP**を返します（図10.8）。

図10.8　パブリックDNS

プライベートDNS

　システム内部で作成したリソースに名前をつけて管理するときに使われます。たとえば、データベースサーバーなどシステム内部でのみ参照されることを前提としたサーバーです。プライベートDNSは、名前解決により**プライベートIP**を返します（図10.9）。

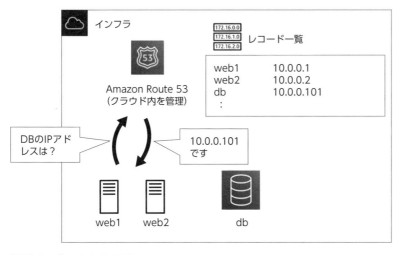

図10.9　プライベートDNS

213

2つのサーバーの比較を表10.1に示します。

表10.1　パブリックDNSとプライベートDNSの比較

項目	パブリックDNS	プライベートDNS
用途	システムで公開するサーバーのドメイン名の解決	システム内のサーバーの名前解決
ドメイン名の取得	必要	不要
管理するIPアドレス	パブリックIP	プライベートIP

AWSは、SSLサーバー証明書を発行できる認証局としての機能を持っています。そして、AWSで構築するサイトで使うSSLサーバー証明書を無料で発行できます。

SSLサーバー証明書は、認証するもののレベルによって段階が分かれています。大きく次の3種類の証明書があります。

- **ドメイン検証済み（DV）証明書**：ドメイン名の正しさを保証する。
- **組織認証済み（OV）証明書**：ドメイン名の正しさと、ドメインを管理する会社の名前を保証する。
- **拡張認証（EV）証明書**：ドメインを管理する会社の、実在や信頼性まで保証する。

下に行くほど、より厳格に審査を行うので利用者に対するサイトの信頼度が上がりますが、その代わりにコストもそれなりにかかるようになります。AWSでは、**ドメイン検証済み（DV）証明書**のみ対応しています。

それでは、ドメイン名を取得してみましょう。ドメイン名の取得に必要な情報は次の通りです（表10.2）。

表10.2　ドメイン名取得の設定項目

項目	値	説明
ドメイン名	利用者ごとに固有の情報	URLとして利用するドメイン名。 世界で唯一である必要がある。本書では以下を使用する aws-intro-sample-2nd.com
ドメインの登録者情報	登録者の住所や名前など	法人でも個人でもよい

　また、AWSでドメイン名を取得すると、自動的にRoute 53にパブリックDNSも作成されます。

10.4.1 ドメイン名の取得手順

　それでは、ドメイン名を取得してみましょう。

　まず、AWSマネジメントコンソール画面の左上にある「サービス」メニューから、Route 53のダッシュボードを開きます。そこから「登録済みドメイン」の画面を開き、[ドメインの登録] ボタンをクリックします（図10.10）。

図10.10　ドメインの登録開始

(🌐) 1：ドメイン名検索

次にドメイン名を選択します（図10.11）注1。AWSでドメイン名を選択するときには、基本的に、

　　固有の名称＋トップレベルドメイン（TLD）

という組み合わせになります。**TLD**とは、たとえば.comや.co.jpなど、個別のドメインを割り当てるために管理されている上位のドメインです。

図10.11　1：ドメイン名検索

有名なTLDとの組み合わせは、すでに取得済みの可能性があります。[チェック] ボタンをクリックすると、指定したドメイン名が取得可能かどうかチェックできます。また、ドメイン名の値段も確認できます。

まだ使われていないドメイン名であることをチェックできたら、[カートに入れる] ボタンをクリックします。

指定したドメイン名が、画面右側のショッピングカートに入りました（図10.12）。画面には、他のTLDのドメイン名も「関連するドメインの候補」として表示されています。本格的にビジネスのためにドメイン名を取得する場合、まぎらわしいドメイン名も防御的に取得するケースがあり、この候補はその選択肢です。たとえば、mcdonalds.comが世界的なハンバーガーチェーンのアメリカ・マクドナルドのサイトに使われているのに、mcdonalds.co.jpがマクドナルドではなく雑貨屋や、あるいはアンダーグラウンドなサイトにつながると会社全体の信頼性を損ないかねません。ただし今回はサンプルアプリなので、関連するドメイン名の候補は選択しません。

注1　aws-intro-sample-2nd.comは本書用にすでに取得しているので、独自の名称を選んでください。

使われていないドメイン名であることを確認できたら、下部の［続行］ボタンをクリックします。

図10.12　1：ドメイン名検索（ドメイン名選択後）

2：連絡先の詳細

　次に、ドメイン名所有者の連絡先を登録します（図10.13）。この画面では、ドメイン名の登録者、管理者、技術担当者の連絡先などを登録します。個人で取得する場合などは、これらの情報がすべて同じでしょう。あるいは大きな会社が取得する場合は、これらの連絡先が異なることもあります。状況に合わせて選択してください。

- **連絡先のタイプ**：このドメイン名を取得するのが個人なのか法人なのかを選択します（①）。ここで連絡した登録先は、パブリックな情報として誰でも照会できる状態になります。「個人」を選択すると、入力した内容を、この後の設定で非公開にできます。

- **名、姓**など：連絡先の名前や住所などを登録します（②）。
- **プライバシーの保護**：ドメイン名の取得者として個人を選択した場合、プライバシーの保護を設定します（③）。この設定を「有効化」すると、本来公開される連絡先の情報を非公開にできます。

設定が終わったら、［続行］ボタンをクリックします。

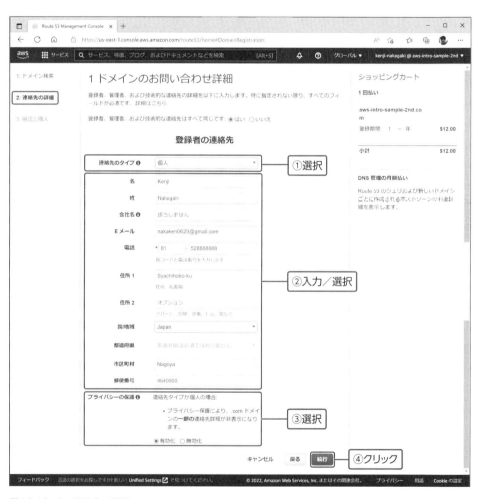

図10.13　2：連絡先の詳細

　初めてAWSでドメイン名を取得する場合、図10.14のようなダイアログが表示されることがあります。これは、ドメイン名の不正な取得を防ぐために、Eメールを使った人間による検証を行うことを知らせるものです。[同意します]ボタンをクリックして、次に進みます。

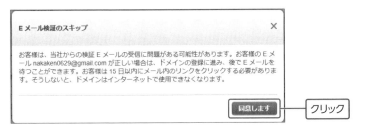

図10.14　Eメール検証のステップ

3：確認と購入

　最後に、これまでの入力内容を確認する画面が表示されます（図10.15）。設定内容に誤りがないかどうか、確認してください。

　確認できたら、ドメイン名の自動取得の有無を選択します。「ドメインを自動的に管理しますか？」で自動取得を「有効化」すると（①）、期限が切れそうになったドメイン名を自動で更新します。利用料の支払いも行われます。これは後で変更することもできます。

　「規約」はよく読んで内容を理解したら、「AWSドメイン名の登録契約」にチェックを入れます（②）。

　「登録者の連絡先のEメールアドレスの確認」には、Eメールの検証が行われているかどうかの状態が表示されます。検証が行われていないというステータスの場合には、AWSからのメールが届いているかどうかを確認し、そのメールの指示に従ってください。指示に従って操作を行うと、ステータスが検証済みになります。

　ここまで終えたら[注文を完了]ボタンをクリックして（③）、ドメイン名の取得を完了します。

　注文が完了すると、ドメイン名の取得時期に関するダイアログが表示されます（図10.16）。注文完了からドメイン名が取得できるまでには、数時間～数日のタイムラグがあることに注意してください。

図10.15 確認と購入

図10.16 ドメインの取得時期に関するダイアログ

　ドメイン名の取得が完了するまでは、注文したドメインはRoute 53のダッシュボードの「保留中のリクエスト」で確認できます（図10.17）。

図10.17　保留中のリクエスト

　購入手続きが完了すると、Route 53のダッシュボードの「登録済みドメイン」で確認できます（図10.18）。

図10.18　登録済みドメイン

10.5 パブリックDNSに リソース情報を追加する

Route 53経由でドメイン名を取得すると、取得したドメインを管理するパブリックDNSが同時に作成されます。ここではこのパブリックDNSに、外部から直接アクセスされる次のリソース情報を追加します。

- 踏み台サーバー
- ロードバランサー

10.5.1 パブリックDNSへの追加手順

AWSマネジメントコンソール画面の左上にある「サービス」メニューから、Route 53のダッシュボードを開きます。そこから、「ホストゾーン」の画面を開くと、作成したドメインのホストゾーンを確認できます（図10.19）。

DNSにサーバーやロードバランサーなどの情報を追加するには、DNSのレコードセット（定義情報）を編集します。作成したドメイン名を選択して、［詳細を表示］ボタンをクリックしてください。

図10.19　ホストゾーン

> **! 注意**
>
> 外部サービスで取得したドメイン名を、Route 53のパブリックDNSで管理することもできます。その場合は、まず外部サービスでAWSにドメイン管理を移管する手続きを行う必要があります。この手順は、使用する外部サービスによって異なるため、詳しくはRoute 53のドキュメントを参照してください。

> **Route 53を使用中のドメインのDNSサービスにする**
> **WEB** https://docs.aws.amazon.com/ja_jp/Route53/latest/DeveloperGuide/
> migrate-dns-domain-in-use.html

踏み台サーバーの情報を追加

最初に、踏み台サーバーの情報をパブリックDNSに追加する設定を作成します。設定項目は表10.3の通りです。

表10.3　踏み台サーバー関連の設定項目

項目	値	説明
レコード名	bastion	ドメイン名と結合して作る踏み台サーバーの名前
レコードタイプ	A − IPv4アドレスと一部のAWSリソースにトラフィックをルーティングします	IPアドレスをそのまま指定するタイプ
値/トラフィックのルーティング先	レコードタイプに応じたIPアドレスまたは別の値	ルーティング先の設定方法
	踏み台サーバーのパブリックIP	ルーティング先の情報

踏み台サーバーにはパブリックIPが割り当てられているので、IPアドレスをそのまま登録します。ホストゾーンの詳細画面で［レコードを作成］ボタンをクリックしてください（図10.20）。

図10.20　ホストゾーンの詳細

ステップ1：ルーティングポリシーを選択

まず、追加するルーティングポリシーを設定します（図10.21）[注2]。ここでは踏み台サーバーという1つのリソースに対してドメイン名を割り当てます。「シンプルルーティング」を選択して［次へ］ボタンをクリックしてください。

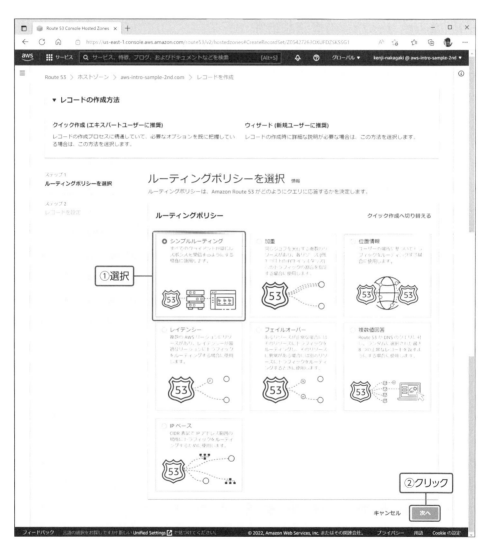

図10.21　ルーティングポリシーを選択

注2　図10.21ではなく「レコードのクイック作成」が表示されたときは、［ウィザードに切り替える］をクリックしてください。

ステップ2：レコードを設定

次にレコードを設定します（図10.22）。［シンプルなレコードを定義］ボタンをクリックしてください。

図10.22　レコードを設定（踏み台サーバー）

「シンプルなレコードを定義」という画面が表示されます（図10.23）この画面で踏み台サーバーの情報を入力／選択していきます。

- **レコード名**：あらかじめ決めておいた名前（bastion）を指定します。
- **レコードタイプ**：IPアドレスを指定できる「A － IPv4アドレスと一部のAWSリソースにトラフィックをルーティングします」を指定します。
- **値/トラフィックのルーティング先**：EC2インスタンスに割り当てられたIPアドレスを指定します。「レコードタイプに応じたIPアドレスまたは別の値」を選択すると、IPアドレスの入力欄が表示されるので、踏み台サーバーの**パブリックIPアドレス**を指定します。

図10.23　シンプルなレコードを定義（踏み台サーバー）

 注意

ここで「値/トラフィックのルーティング先」に割り当てるIPアドレスは、**パブリックIP アドレス**であることに注意してください。踏み台サーバーには、パブリックIPアドレスと プライベートIPアドレスの両方を割り当てているので、間違えないようにしてください。 パブリックIPアドレスは、EC2のダッシュボードから確認できます。

① AWSマネジメントコンソール画面の左上にある「サービス」メニューから、EC2のダッ シュボードを開きます。
② 作成したEC2インスタンスをクリックして概要画面を開きます（p.119の図5.18）。
③ 作成したEC2インスタンスの情報が表示されるので、「パブリックIPv4アドレス」を確 認します（図10.A）。

図10.A　bastionのパブリックIPアドレス

　設定が終わったら、［シンプルなレコードを定義］ボタンをクリックします。この状態では、まだ設定は確定していません。このままロードバランサーの追加を行います。

ロードバランサーの情報を追加

　続いて、ロードバランサーの情報をパブリックDNSに追加する設定を作成します。設定項目は表10.4の通りです。

表10.4　ロードバランサー関連の設定項目

項目	値	説明
レコード名	www	ドメイン名と結合して作るWebサービスにアクセスするためのドメインの名前
レコードタイプ	A – IPv4アドレスと一部のAWSリソースにトラフィックをルーティングします	IPアドレスをそのまま指定するタイプ
値／トラフィックのルーティング先	Application Load BalancerとClassic Load Balancerへのエイリアス	ルーティング先の設定方法
	アジアパシフィック (東京) [ap-northeast-1]	ロードバランサーのあるリージョン
	ロードバランサー	リージョンを選択すると、ロードバランサーを選択できるようになる

　それでは、もう一度［シンプルなレコードを定義］ボタンをクリックして、ロードバランサーの設定を行います（図10.24）。

図10.24　レコードを設定（ロードバランサー）

「シンプルなレコードを定義」という画面が表示されます（図10.25）この画面でロードバランサーの情報を入力／選択していきます。

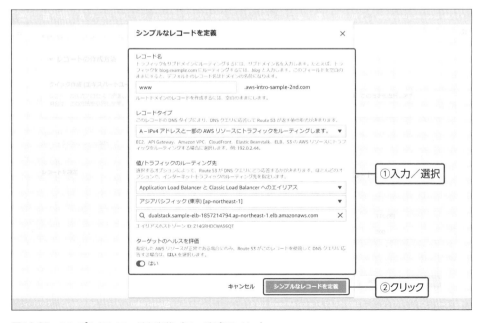

図10.25　シンプルなレコードを定義（ロードバランサー）

- **レコード名**：あらかじめ決めておいた名前（www）を指定します。
- **レコードタイプ**：「A － IPv4アドレスと一部のAWSリソースにトラフィックをルーティングします」を指定します。
- **値/トラフィックのルーティング先**：作成済みのロードバランサーを指定します。「Application Load BalancerとClassic Load Balancerへのエイリアス」を選択すると、ロードバランサーの情報入力欄が表示されます。リージョン、ロードバランサーの選択、という順に選択あるいは入力していきます。

設定が終わったら、［シンプルなレコードを定義］ボタンをクリックします。

これで踏み台サーバーとロードバランサーをパブリックDNSに追加するレコードを作成できました。最後に、［レコードを作成］ボタンをクリックして、2つのレコードの設定内容をRoute 53に反映します（図10.26）。

図10.26　レコードの設定内容をRoute 53に反映

以上の作業で、踏み台サーバーとロードバランサーの情報をパブリックDNSに追加できました。

10.5.2 🔧 動作確認

それでは、動作確認をしてみましょう。ドメイン名が正しくIPアドレスに変換できるかどうかを確認するには、**nslookup**というコマンドを使います[注3]。

🔄 踏み台サーバー

まずは、踏み台サーバー（bastion.aws-intro-sample-2nd.com）が登録できているかどうか確認しましょう。

実行結果1 ドメイン名の解決（踏み台サーバー）

```
PS C:¥Users¥nakak> nslookup bastion.aws-intro-sample-2nd.com
サーバー:   UnKnown
Address:   10.211.55.1

権限のない回答:
名前:     bastion.aws-intro-sample-2nd.com ─────────────① 
Address:  54.199.48.168 ──────────────────────②
```

nslookupコマンドの実行結果を見ると、①のbastion.aws-intro-samplc-2nd.comというドメイン名を②のIPアドレスに変換できていることを確認できます。

🔄 ロードバランサー

次にロードバランサー（www.aws-intro-sample-2nd.com）についても確認してみましょう。

実行結果2 ドメイン名の解決（ロードバランサー）

```
PS C:¥Users¥nakak> nslookup www.aws-intro-sample-2nd.com
サーバー:   UnKnown
Address:   10.211.55.1

権限のない回答:
名前:     www.aws-intro-sample-2nd.com ──────────────①
Addresses:  54.65.154.238 ────────────────────②-1
           13.231.30.162 ────────────────────②-2
```

nslookupコマンドの実行結果を見ると、①のwww.aws-intro-sample-2nd.comと

注3　LinuxやMacには、より高機能なdigというコマンドも用意されています。

いうドメイン名を②-1と②-2のIPアドレスに変換できていることを確認できます。

1つのドメイン名に対して複数のIPアドレスが存在する状態は、大量のリクエストを処理するロードバランサーのような仕組みでよく使われます。リクエストが増えるたびにIPを増やすことで、あたかも窓口を増やすような感じで処理能力を上げることができます。

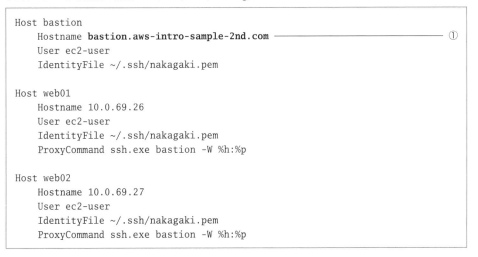 ドメイン名で接続する

踏み台サーバーにドメイン名がついたので、SSHのconfigファイルの設定も名前で行いましょう。第6章で作成したconfigファイルを修正します（リスト10.1）。

リスト10.1 多段認証の設定ファイル（.ssh/config）

```
Host bastion
    Hostname bastion.aws-intro-sample-2nd.com ─────────── ①
    User ec2-user
    IdentityFile ~/.ssh/nakagaki.pem

Host web01
    Hostname 10.0.69.26
    User ec2-user
    IdentityFile ~/.ssh/nakagaki.pem
    ProxyCommand ssh.exe bastion -W %h:%p

Host web02
    Hostname 10.0.69.27
    User ec2-user
    IdentityFile ~/.ssh/nakagaki.pem
    ProxyCommand ssh.exe bastion -W %h:%p
```

①の部分をIPアドレスから、パブリックDNSに登録したドメイン名に変更します。これでドメイン名を使ってbastionサーバーに接続する設定を行うことができます。

10.6  プライベートDNSを用意する

次にプライベートDNSの準備にかかりましょう。

10.6.1 作成内容

プライベートDNSの作成に必要な情報は、表10.5の通りです。

　プライベートDNSを設定することで、VPC内部のサーバーを参照するときに、プライベートIPアドレスや機械的につけられた長いドメイン名ではなく、わかりやすい名前で設定を行うことができます。VPC内部のリソースについては、できるだけプライベートDNSに登録するようにします。

表10.5　プライベートDNSの設定項目

項目	値	説明
ドメイン名	home	ローカルのドメイン名につける上位ドメイン
VPC名	sample-vpc	プライベートDNSを作成するVPC
リソースの名前	**踏み台サーバー** bastion	各サーバーの名前
	Webサーバー web01	
	Webサーバー web02	
	DBサーバー db	

　プライベートDNSで使用するドメイン名は、世の中に存在するパブリックなドメイン名と重複しないように注意する必要があります。

　たとえば、ドメイン名に`shocisha.co.jp`という名前をつけたとします。この状態でVPC内部のリソースから`www.shoeisha.co.jp`というドメイン名をIPアドレスに解決しようとしたとき、本来は`shoeisha.co.jp`を管理している外部のDNSサーバーに問い合わせるべきところが、作成したプライベートDNSに問い合わせをしてしまい、意図しないIPアドレスが返ってくる可能性があります。

　現時点で重複しないことが保証されているドメイン名として、以下のものが用意されています。

- `corp`
- `home`
- `mail`
- `internal`

　これらのドメイン名、あるいはサブドメイン名を使用します。ただし、`internal`はAWS自身が内部で利用するため、利用を避けてください。本書では`home`を使用することにします。

　また、プライベートDNSは、1つのVPC内でのみ利用できます。複数のVPCをまたいでプライベートDNSを使った名前解決はできないので、注意してください。

10.6.2 プライベートDNSの作成手順

それでは、プライベートDNSを作成していきます。

プライベートDNSが使えるかを確認

まず、VPCでプライベートDNSが使えるようになっているかどうかを確認しましょう。AWSマネジメントコンソール画面の左上にある「サービス」メニューから、VPCのダッシュボードを開きます。そこから「お使いのVPC」の画面を開き、プライベートDNSを作成するVPCの情報を確認します（図10.27）。そして、次の2つの設定が「有効」になっていることを確認してください。

- DNSホスト名
- DNS解決

もし「有効」になっていない設定があれば、画面上部の「アクション ▼」をクリックして「DNSホスト名を編集」を選んで設定を変更します。

図10.27　プライベートDNSを作成するVPCの情報を確認

233

ホストゾーンの作成

　AWSマネジメントコンソール画面の左上にある「サービス」メニューから、Route 53のダッシュボードを開きます。そこから「ホストゾーン」の画面を開き、[ホストゾーンの作成] ボタンをクリックします（図10.28）。

図10.28　ホストゾーンの作成開始

　次に、ホストゾーンの情報を入力／選択していきます（図10.29）。

図10.29　ホストゾーン設定

- **ドメイン名**：あらかじめ決めておいたドメイン名を入力します。
- **説明**：必須ではありませんが、わかりやすい説明を入れておくとよいでしょう。
- **タイプ**：「プライベートホストゾーン」を選択します。この選択を行うと、次の「ホストゾーンに関連付けるVPC」カテゴリに「VPC ID」の選択項目が表示されます。

続けて、「ホストゾーンに関連付けるVPC」カテゴリでVPCの情報を入力します（図10.30）。

- **リージョン**：「ap-northeast-1」を指定します。
- **VPC ID**：VPC IDにカーソルを移動すると、選択したリージョンに含まれるVPCの一覧が表示されるので、「sample-vpc」を選択します。

図10.30 ホストゾーンに関連付けるVPC

設定が終わったら、［ホストゾーンの作成］ボタンをクリックします。これで新しいプライベートDNSが作成されます（図10.31）。

図10.31　作成されたプライベートDNS

　続いて、作成したプライベートDNSに、これまでに作成したEC2やRDSの情報を追加
していきます。

10.6.3 🔷 EC2の情報の追加手順

　はじめにEC2の情報をプライベートDNSに追加します。本書のサンプルでは、踏み台
サーバー（bastion）とWebサーバー2つ（web01、web02）のEC2を使用するため、
この3つの情報を追加します。まずはbastionから追加してみましょう。

　Route 53のダッシュボードから「ホストゾーン」の画面を開き、「home」ドメインを
選択して［詳細を表示］ボタンをクリックします（図10.32）。

図10.32　「home」ドメインを選択して詳細を表示

　詳細が表示されたら、［レコードを作成］ボタンをクリックします（図10.33）。

図10.33　レコードを作成

ステップ1：ルーティングポリシーを選択

　ルーティングポリシーを選択する画面が表示されたら、「シンプルルーティング」を選択して［次へ］ボタンをクリックします（図10.34）。

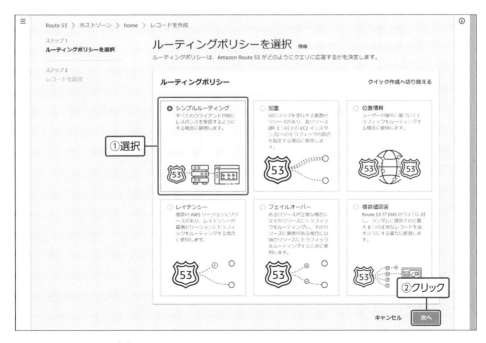

図10.34　ルーティングポリシーを選択

237

ステップ2：レコードを設定

［シンプルなレコードを定義］ボタンをクリックします（図10.35）。

図10.35　レコードを設定

「シンプルなレコードを定義」画面が表示されます（図10.36）。この画面でEC2の情報を入力／選択していきます。

- **レコード名**：あらかじめ決めておいたEC2の名前（bastion）を指定します。
- **レコードタイプ**：IPアドレスを指定できる「A － IPv4アドレスと一部のAWSリソースにトラフィックをルーティングします」を指定します。
- **値/トラフィックのルーティング先**：踏み台サーバーと同じく、EC2インスタンスに割り当てられたIPアドレスを指定します。「レコードタイプに応じたIPアドレスまたは別の値」を選択すると、IPアドレスの入力欄が表示されるので、**プライベートIPアドレス**を指定します。

 注意

ここで「値/トラフィックのルーティング先」に割り当てるIPアドレスは、**プライベートIPアドレス**であることに注意してください。踏み台サーバーには、パブリックIPアドレスとプライベートIPアドレスの両方を割り当てていますので、間違えないようにしてください。
プライベートIPアドレスは、EC2のダッシュボードから確認できます。

その他の設定は、デフォルトのままにしておいてください。

設定が終わったら、［シンプルなレコードを定義］ボタンをクリックします。これでプライベートDNSにbastionの情報を追加できました。

図10.36　シンプルなレコードを定義（bastion）

同じ手順で、web01とweb02の情報も追加してください。3つのEC2の情報をすべて登録したら、最後に［レコードを作成］ボタンをクリックします。これでプライベートDNSにAレコードが追加されます（図10.37）。

図10.37 3つのEC2の情報を追加完了

10.6.4　RDSの情報の追加手順

　次にRDSの情報をプライベートDNSに追加します。RDSには、固定されたIPアドレスは参照できないようになっています。代わりにエンドポイントが用意されているので、これを使ってプライベートDNSに登録を行います。

エンドポイントの確認

　まず、AWSマネジメントコンソール画面の左上にある「サービス」メニューから、RDSのダッシュボードを開きます。そこから、「データベース」の画面を開き、あらかじめ作成してあるデータベース（ここではsample-db）の「接続とセキュリティ」タブから「エンドポイント」という設定項目を見つけてください（図10.38）。この文字列が、RDSの**エンドポイント**です。

図10.38　RDSのエンドポイント

🔹 RDSのエンドポイントをプライベートDNSに追加

　このエンドポイントを、別名としてプライベートDNSに登録します。以下①～④の手順は「10.6.3　EC2の情報の追加手順」（p.236）と同じです。

① Route 53のダッシュボードから「ホストゾーン」の画面を開き、「home」ドメインを選択して［詳細を表示］ボタンをクリックします。
② 詳細が表示されたら、［レコード作成］ボタンをクリックします。
③「ステップ1：ルーティングポリシーを選択」画面では、「シンプルルーティング」を選択して［次へ］ボタンをクリックします。
④「ステップ2：レコードを設定」画面では、［シンプルなレコードを定義］ボタンをクリックします。

　次に「シンプルなレコードを定義」画面が表示されます（図10.39）。この画面でRDSの情報を入力／選択していきます。

- **レコード名**：あらかじめ決めておいたRDSの名前（db）を指定します。
- **レコードタイプ**：エンドポイントを指定できる「CNAME － 別のドメイン名および一部のAWSリソースにトラフィックをルーティングします」を指定します。
- **値/トラフィックのルーティング先**：RDSインスタンスに割り当てられたIPアドレスを指定します。「レコードタイプに応じたIPアドレスまたは別の値」を選択すると、IPアドレスの入力欄が表示されるので、先ほど調べたRDSの**エンドポイント**を指定します。

その他の設定は、デフォルトのままにしておいてください。
設定が終わったら、［シンプルなレコードを定義］ボタンをクリックします。

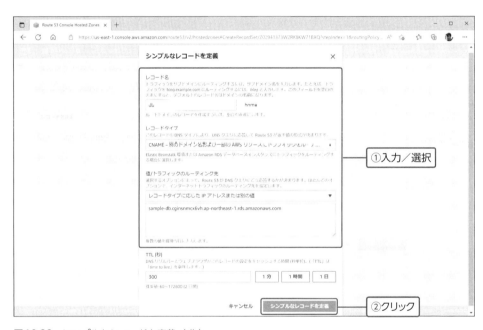

図10.39　シンプルなレコードを定義（db）

最後に、［レコードを作成］ボタンをクリックします。これでプライベート DNS にエンドポイントが CNAME として登録されます（図10.40）。

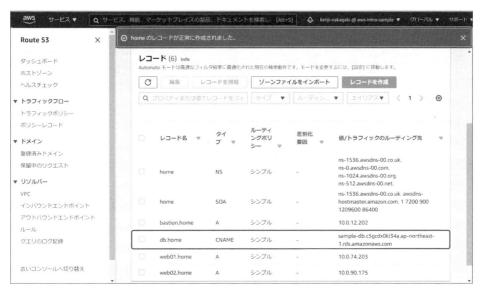

図10.40 RDS の情報を追加完了

10.6.5 動作確認

それでは、プライベート DNS の動作確認をしましょう。

ドメイン名の名前解決（Web サーバー）

プライベート DNS は、VPC の中でしか確認できません。そこで踏み台サーバーに接続して確認します。

まずは SSH で踏み台サーバーに接続しましょう。

```
PS C:¥Users¥nakak> ssh bastion
```

接続できたら A レコードとして追加した web01.home が名前解決できるかどうかを確認します。

実行結果3　ドメイン名の解決（Webサーバー）

```
[ec2-user@ip-10-0-5-68 ~]$ nslookup web01.home
Server:         10.0.0.2
Address:        10.0.0.2#53

Non-authoritative answer:
Name:   web01.home ─────────────────────────────────── ①
Address: 10.0.67.110 ────────────────────────────────── ②
```

　①で指定したweb01.homeが、②のようにIPアドレスに解決できていることがわかります。

ドメイン名の名前解決（RDS）

　次にCNAMEレコードとして追加したdb.homeが名前解決できるかどうかを確認します。同じく踏み台サーバー上でnslookupコマンドを実行します。

実行結果4　ドメイン名の解決（RDS）

```
[ec2-user@ip-10-0-5-68 ~]$ nslookup db.home
Server:         10.0.0.2
Address:        10.0.0.2#53

Non-authoritative answer:
db.home canonical name = sample-db.cginsnmcx6vh.ap-northeast-1.rds.↵
amazonaws.com. ─────────────────────────────────────── ①
Name:   sample-db.cginsnmcx6vh.ap-northeast-1.rds.amazonaws.com
Address: 10.0.92.62 ─────────────────────────────────── ②
```

　①では、db.homeという名前に対して、別名のエンドポイントの情報が取得されています。そして②で別名に対するIPアドレスが解決されています。このIPアドレスは、RDSの内部の仕組みにより、変わる可能性があります。しかしエンドポイントは変わらないので、実用上の問題は発生しません。

ドメイン名で接続する

　VPC内部のサーバーにもドメイン名がついたので、SSHのconfigファイルの設定も名前で行いましょう。「10.5.2　動作確認」で作成したconfigファイルを、さらに修正します（リスト10.2）。

リスト10.2　多段認証の設定ファイル（.ssh/config）

```
Host bastion
    Hostname bastion.aws-intro-sample-2nd.com
    User ec2-user
    IdentityFile ~/.ssh/nakagaki.pem

Host web01
    Hostname web01.home ──────────────────────────────── ①
    User ec2-user
    IdentityFile ~/.ssh/nakagaki.pem
    ProxyCommand ssh.exe bastion -W %h:%p

Host web02
    Hostname web02.home ──────────────────────────────── ②
    User ec2-user
    IdentityFile ~/.ssh/nakagaki.pem
    ProxyCommand ssh.exe bastion -W %h:%p
```

　web01とweb02のHostnameをプライベートDNSに登録した名前に変更します（①②）。これでIPアドレスを指定しなくても、開発マシンから踏み台サーバーを通してWebサーバーに接続できるconfigファイルが作成できました。

⚠ 注意

sshコマンドでWebサーバーにつなげようとしたときに、次のようなエラーが出ることがあります。

実行結果

```
PS C:¥Users¥nakak> ssh web01@@@@@@@@@@@@@@@@@@@@@@@@@@@@@@@@@@@@@@@@@@@@↵
@@@@@@@@@@@@@@@@@
@    WARNING: REMOTE HOST IDENTIFICATION HAS CHANGED!    @
@@@@@@@@@@@@@@@@@@@@@@@@@@@@@@@@@@@@@@@@@@@@@@@@@@@@@@@@@@@@@@@@@@@@@@@@
IT IS POSSIBLE THAT SOMEONE IS DOING SOMETHING NASTY!
Someone could be eavesdropping on you right now (man-in-the-middle ↵
attack)!
It is also possible that a host key has just been changed.
The fingerprint for the ECDSA key sent by the remote host is
SHA256:FDlpywi8elPI5bIhJv9OYzxVMI2mAiawIdPfhxV1WiU.
Please contact your system administrator.
Add correct host key in C:\\Users\\nakak/.ssh/known_hosts to get rid of ↵
this message.
Offending ECDSA key in C:\\Users\\nakak/.ssh/known_hosts:6
ECDSA host key for web01.home has changed and you have requested strict ↵
checking.
Host key verification failed.
```

これは、今までIPアドレスでつなぎに行っていたはずのサーバーに別の名前でつなぎに行こうとしたため、悪意のある別サーバーに接続しているかもしれないという警告です。

この場合は、.ssh¥known_hostsからつなぎに行こうとしたサーバー（ここではweb01.home）が記述されている行を消してから試してみてください。よくわからない場合は、known_hostsのファイル自体を削除してもよいです。

10.7　SSLサーバー証明書を発行する

最後にSSLサーバー証明書を発行します。そして、取得したSSLサーバー証明書を使ってHTTPS用のロードバランサーのリスナーを作成し、ブラウザからHTTPS通信ができることを確認しましょう。

10.7.1　SSLサーバー証明書の発行手順

それでは、SSLサーバー証明書を発行してみましょう。

まず、AWSマネジメントコンソール画面の左上にある「サービス」メニューから、AWS Certificate Managerのダッシュボードを開きます。そこから「新しいACM管理証明書」の［証明書をリクエスト］ボタンをクリックします（図10.41）。

図10.41　AWS Certificate Managerのダッシュボード

証明書のリクエスト

次に、取得するSSLサーバー証明書の種類を選択します（図10.42）。ここでは、インターネットで公開するドメイン名の証明を行うため「パブリック証明書をリクエスト」を選択して、［次へ］ボタンをクリックします。

図10.42　証明書のリクエスト

ステップ1：パブリック証明書をリクエスト

次に、パブリック証明書のリクエストを行います（図10.43）。まず、証明書で証明する完全修飾ドメイン名を指定します。ここで注意することは、証明する完全修飾ドメイン名は、実際にブラウザで入力するドメイン名である点です。

たとえば本書の場合、取得するドメイン名はaws-intro-sample-2nd.comですが、ロードバランサーにつける名前はwww.aws-intro-sample-2nd.comのようにwwwという情報がついたサブドメイン名になります。ブラウザで入力するアドレスには、ロードバランサーの名前が使われるので、www.aws-intro-sample-2nd.comが証明するドメイン名になります。そのため、ドメイン名の入力欄にwww.aws-intro-sample-2nd.comを指定しています。

次にドメイン名の検証方法を指定します。これは、AWSがどのようにドメイン名の申請者を検証するかということです。大手の認証局では、紙の書類を使って検証することもありますが、AWSでは、「DNS検証」（DNSサーバーを管理している場合）、「Eメール検証」（Eメールで検証設定を行う）のいずれかの検証方法を選択できます。特にRoute

53でDNSサーバーを作成している場合は、前者による検証をより簡単に行うことができます。

　本書ではこの章でRoute 53を使ってDNSサーバーを作成しているので、「DNS検証」を選択します。

　タグは、特に追加する必要はないので何も入力しません。すべて入力し終えたら［リクエスト］ボタンをクリックします。

図10.43　ステップ1：パブリック証明書をリクエスト

ステップ2：検証

　リクエストは作成されましたが「DNS検証」を選択したので、DNSに検証のための設定を行う必要があるという警告が表示されています（図10.44）。証明書IDをクリックして、証明書を表示します。一般的なDNSサーバーの場合はこの画面に書かれた手順に従って手動で設定を行いますが、Route 53の場合はこの手順を自動で行ってくれる

［Route 53でレコードの作成］ボタンが用意されています。このボタンをクリックしてください（図10.45）。

図10.44　ステップ2：検証

図10.45　証明書のステータス

　　Route 53に対する設定内容が表示されます（図10.46）。問題なければ［レコードを作成］ボタンをクリックしてください。

図10.46　Amazon Route 53でDNSレコードを作成

　　これでSSLサーバー証明書の申請が終了しました。しばらくは「ステータス」欄に「検証中」と表示されますが、5〜10分くらいで「発行済み」になります（図10.47）。

図10.47　SSLサーバー証明書の発行確認

10.7.2 ロードバランサーへのリスナーの追加手順

次に、発行したSSLサーバー証明書を使って、HTTPSで待ち受けをするリスナーを、ロードバランサーに追加します。

まず、AWSマネジメントコンソール画面の左上にある「サービス」メニューから、EC2のダッシュボードを開きます。そこから「ロードバランサー」の画面を開き、第7章で作成したロードバランサーを選択します（図10.48）。そして、「リスナー」タブを選択して、［リスナーの追加］ボタンをクリックします。

図10.48 ロードバランサーの設定画面の「リスナー」タブ

リスナーの追加

次に、リスナーの設定を行います（図10.49）。基本的には第7章で作成したリスナーと設定項目は同じです。

- **ProtocolとPort**：ProtocolとPortは、「HTTPS」と「443」を指定します。
- **Default action**：第7章で作成したターゲットグループ（sample-tg）を選択します。
- **Security policy**：用意されているものをそのまま使います。
- **Default SSL/TSL certificate**：先ほど作成したSSLサーバー証明書を選択します。

251

デフォルトアクションを追加するには、「Add action」から「forward」を選んでください。

すべての設定が終わったら、[リスナーの追加]ボタンをクリックします。

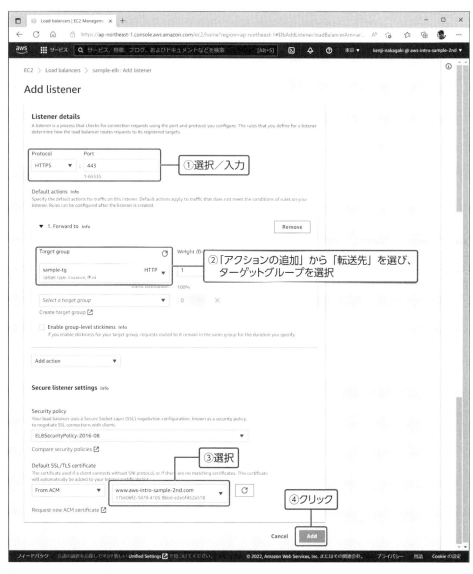

図10.49　リスナーの追加

これでリスナーの追加が完了しました（図10.50）。

図10.50　リスナーの追加が完了

10.7.3 　動作確認

　最後に動作確認として、ブラウザからHTTPSでアクセスできることを確認しましょう。まずは、第7章の動作確認と同じく、web01とweb02上でindex.htmlファイルを用意し、テスト用のWebサーバーを起動してください。

　起動したら、HTTPSでアクセスします。ただし、ロードバランサーにつけたドメイン名ではなく、パブリックDNSに追加したドメイン名で接続します。本書では、以下のアドレスになります。

```
https://www.aws-intro-sample-2nd.com/
```

　ブラウザでこのURLにアクセスすると、うまく設定ができていれば、index.htmlの中身が表示されます。ブラウザのアドレスバーの鍵マークをクリックして、SSLサーバー証明書が使われていることを確認してください（図10.51）。

253

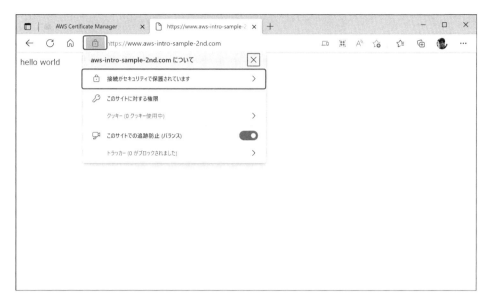

図10.51　SSLサーバー証明書が有効になっている（Microsoft Edgeで表示）

　これで独自ドメイン名の取得と関連する設定とその動作確認が終わりました。

COLUMN

特定のS3バケットにだけアクセスできるポリシーの作成

　第9章では、EC2に適用するロールを作るときに、すべてのS3バケットにアクセスできるポリシー（AmazonS3FullAccess）を使いました。しかし、より安全な状態にするために、特定のS3バケットにだけアクセスできるポリシーを作ることもできます。その方法について簡単に説明します。

　まず、既存のAmazonS3FullAcessポリシーの中身を確認してみましょう。IAMのダッシュボードから「ポリシー」を選択します。次に、「AmazonS3FullAccess」ポリシーを選択して、「アクセス管理」→「JSON」を見ると、リストAのようになっていることが確認できます。

リストA　AmazonS3FullAccessポリシー

```
{
    "Version": "2012-10-17",
    "Statement": [
        {
            "Effect": "Allow",         ← この設定を「許可」する
            "Action": "s3:*",          ← S3に対するすべての操作
            "Resource": "*"            ← 対象のS3バケット
        }
    ]
}
```

　この「Resource」に特定のS3バケットを指定することで、特定のS3バケットにだけアクセスできるポリシーとなります。もう一度、IAMのダッシュボードから「ポリシー」を選択したら、「ポリシーの作成」を始めます。ポリシーの内容をリストBの内容にして保存してください。

リストB　特定のS3バケットにだけアクセスできるポリシー

```
{
    "Version": "2012-10-17",
    "Statement": [
        {
            "Effect": "Allow",
            "Action": "s3:*",
            "Resource": [
                "arn:aws:s3:::(バケット名)",      ← 対象のS3バケット自身
                "arn:aws:s3:::(バケット名)/*"     ← 対象のS3バケットの中身
            ]
        }
    ]
}
```

　このポリシーを「AmazonS3FullAccess」の代わりに使えます。

第 11 章

メールサーバーを用意しよう

　Webで公開されるアプリでは、新規ユーザー登録やECサイトでの購入確認など、さまざまなタイミングでEメール（以下、メール）が使われます。メールの送受信には専用のメールサーバーを使うのが一般的ですが、AWSにもメールの送受信を実現するサービスが用意されています（図11.1）。さっそく見ていきましょう。

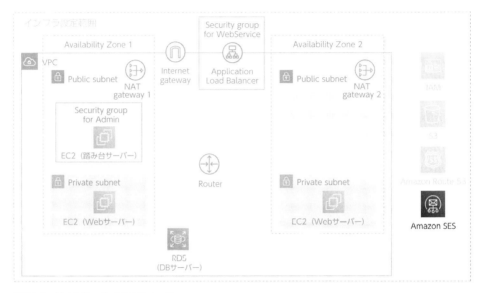

図11.1　第11章で作成するリソース

11.1 メールの仕組み

　メールは、現実世界の郵便と同じように、特定の人に向けて文章やファイルなどを送ることができる仕組みです。メールは、主に表11.1の情報で構成されています。

表11.1　メールの構成要素

項目	説明
送信者	メールを送った人のメールアドレス
受信者	メールを受け取る人のメールアドレス
タイトル	メールのタイトル。メールの一覧を表示するときに使われることが多い
本文	メールの本文
添付ファイル	画像ファイルやWordファイルなど、メールに添付されたファイル

　メールアドレスは、ユーザーが所属する組織（たとえばプロバイダー、会社など）から割り当てられます。そして、xxx@shoeisha.comのような形式となります。@（アットマーク）の後ろは、組織が管理するドメイン（あるいはサブドメイン）が使われます。そしてxxxの部分には、組織で重複しないIDが割り当てられます。

11.1.1　メールが届く仕組み

　次にメールが届く仕組みについて見ていきます。ここではアリス（alice@shoeisha.co.jp）からボブ（bob@gmail.com）にメールを送るときの流れを使って説明します（図11.2）。

　まず①では、アリスが自分の所属する組織のメールサーバー（shoeisha.co.jp）に対して、ボブ宛てのメールを送るように依頼します。

　次に②では、送信先のボブのメールサーバー（gmail.com）を探し出して、そのメールサーバーにメールを転送します。こうして届けられたメールは、いったん③のように送信先のメールサーバーのメールボックスに保存されます。

　④では、ボブが自分宛てのメールボックスを確認します。そこにメールが届いていることに気づけば、ボブはメールの中身を見ることができます。

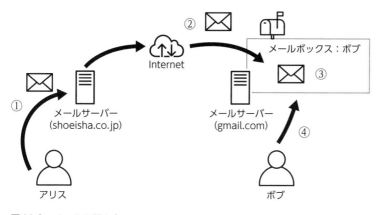

図11.2　メールの届き方

　メールの仕組みは、大きく次の2つに分かれます（表11.2）。そして、それぞれにプロトコル（手順）が存在しています。

表11.2　メールのプロトコル

仕組み	プロトコル
メールの送信	SMTP（Simple Mail Transfer Protocol）
メールの受信	POP3（Post Office Protocol Version 3） IMAP4（Internet Message Access Protocol Version 4）

　SMTPは、送信者が送信したメールが受信者のメールボックスに届くまでを担当します。図11.2では①、②、③に相当します。

　POP3とIMAP4は、受信者が自身のメールボックスのメールを読む部分を担当します。図11.2では、④に相当します。

11.1.2 POP3 と IMAP4の違い

　メールの受信プロトコルには、POP3とIMAP4があります。2つのプロトコルの大きな違いは、最終的に届いたメールがどこに保存されるかという点です（図11.3）。

　POP3の場合には、メールソフトによってメールボックスの中のメールがローカルのコンピュータに取り込まれます。一度取り込んでしまえば、ネットワークにつながっていない状態でもメールを読むことができますが、他のコンピュータからは読むことはできません。

　IMAP4の場合には、ブラウザなどを使って直接メールボックスの中のメールを読みます。インターネットにつながっていればどのコンピュータからでもメールを読むことができますが、インターネットにつながっていないと読むことはできません。

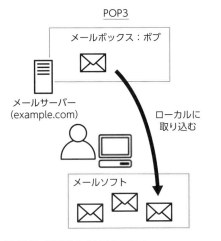
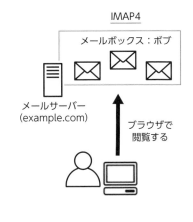

図11.3　POP3とIMAP4の違い

　過去のメールについては、POP3の場合はローカルのコンピュータのハードディスクに余裕のある限りずっと保存できますが、IMAP4の場合にはメールボックスの上限サイズまでしか保存できないことに、注意する必要があります。

11.2　Amazon SES

　Amazon SES（**Amazon Simple Email Service**）は、メールの送受信を行う機能を提供するAWSのマネージドサービスです。ただし、通常のメールサーバーとは用途が少し異なるため、人ではなくアプリでメールを送受信するのに都合がよい機能が用意されています。

11.2.1　メールの送信

　通常のメールサーバーでは、まず組織に属する多数のユーザーをメールサーバーに登録します。そして、そのユーザーがメールサーバーにSMTPで接続してメールを送信します。接続するときには、ユーザーがIDとパスワードを手入力します（図11.4左）。

　しかしアプリからメールを送信するとき、メールの送信者は人ではなくsystem@example.comやno-reply@exmaple.comのような特別なアカウントになることが多いでしょう。そこでAmazon SESでは、そのような特別なアカウントを第3章で説明したIAMユーザーとして登録して、そのIAMユーザーを使ってメールを送信するようにします（図11.4右）。IAMユーザーを使ってSESに接続するときの認証方法は、大きく次の2つが用意されています。

- Amazon SES API
- Amazon SES SMTPインターフェイス

　Amazon SES APIは、Amazon SESが用意しているAPIを経由して、直接Amazon SESとやり取りをする方法です。使用しているプログラム言語用のSDKや、AWSコマンドラインインターフェイスを使ってメールを送信できます。

　Amazon SES SMTPインターフェイスは、通常のメールサーバーと同様のSMTPを使ってメールを送信することができます。

261

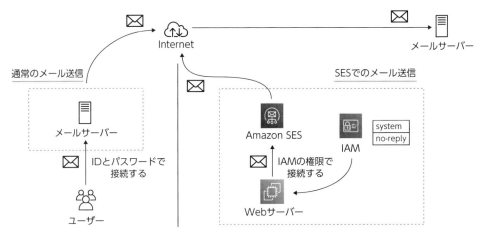

図11.4　メールの送信方法の違い

11.2.2 メールの受信

　メールの受信も、通常のメールサーバーとは大きく異なります。

　通常のメールサーバーでは、届いたメールは各ユーザーのメールボックスに保存されます（図11.5左）。そして受信者は、POP3やIMAP4といったプロトコルを使って、メールを受信して読みます。

　しかしAmazon SESでは、POP3やIMAP4といったプロトコルは提供されていません。代わりに、メールを受信したときに**アクション**と呼ばれる処理が実行されます。このアクションを使って、アプリで用意している独自APIを起動できるので、ユーザーから届いたメールに対してリアルタイムで処理を行うことができます。

　主なアクションには、表11.3のようなものがあります。

表11.3　受信時のアクション一覧

アクション	説明
S3アクション	届いたメールをS3に保存する
SNSアクション	届いたメールをAmazon SNSトピックに公開する
Lambdaアクション	Lambda関数を実行する
バウンスアクション	送信者にバウンス応答（無効なメールであったなど）を返す
停止アクション	届いたメールを無視する

　SNSアクションを登録しておくと、ユーザーからのメールが届いたときに、管理者にメールや携帯のプッシュ通知を送ることができます。

　また、Lambdaアクションを登録しておくと、アプリの独自APIを呼び出すことができます。

　このように、Amazon SESではメールが受信されたときに、リアルタイムでさまざまな処理が続けて行われます。これにより、ユーザーからのメールに対して自動的に対応できます（図11.5）。

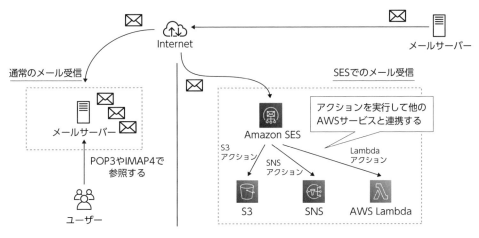

図11.5　メールの受信方法の違い

 NOTE

Amazon SESでのメールの受信

前述の通り、Amazon SESではPOP3やIMAP4といった通常のメールサーバーで使われている受信用のプロトコルは用意されていません。つまりこれは、ユーザーからのメールを管理者が手動で対応する運用が行えないということです。代わりに用意されているアクションの機能を考慮すると、いわゆる「顧客管理システム（CRM）」というシステムとの連携を想定しているように考えられます。

ユーザーからのメールによる問い合わせをどのように対応するか検討したうえで、メールの受信機能をAmazon SESで実現するか、それとも他のメールサーバーで実現するかを判断するようにしてください。

11.2.3 　Amazon SES を作成するリージョン

　Amazon SES では、Amazon SES を作成するリージョンに気をつける必要があります。まず、東京リージョンで Amazon SES が利用できるようになったのは 2020 年 7 月です。そして本書執筆時点では、東京リージョンでは送信機能のみ使うことができます。もしメールの受信も Amazon SES を使いたい場合は、受信に対応した Amazon SES を構築できるリージョンを選択するようにしてください。執筆時点ではバージニア北部リージョンなどが受信に対応しています。

11.2.4 　サンドボックス

　サンドボックスとは、外部に影響を与えないよう閉じられた環境のことです。Amazon SES を作成した初期時点では、その Amazon SES は悪用を防ぐためサンドボックスの中に置かれます。サンドボックスの中では、次のような制約があります。

- メールの送信先は、検証済みのアドレスに限られる
- メールの送信元は、検証済みのアドレスか登録したドメインのもののみとなる
- 送信できるメールの数が、24 時間あたり 200 通、かつ 1 秒あたり 1 通に制限される

　この条件を解除してサンドボックスの外に Amazon SES を移動するには、AWS のサポートセンターにリクエストを送る必要があります。詳しい手順は、最後に説明します。

11.3 　メール送受信機能を作成する

　それでは、Amazon SES を使ってメールの送信と受信を行う、メールサーバーの機能を作っていきましょう。

　本書では、Amazon SES で送信機能と受信機能の両方を作成するために、メールサーバーの機能をバージニア北部（米国東部）リージョンに作成します[注1]。AWS マネジメントコンソール画面の右上にあるリージョンを「バージニア北部」に変更してから、以降の作成作業を行ってください。

注1　送信と受信は、それぞれ独立して作成することもできます。また、送信だけの場合は、東京リージョンに作ることもできます。

11.3.1　ドメイン名の設定内容

まずは、メールサーバーとして管理するドメイン名（xxxx@example.comのexample.comの部分）の設定を行います。ドメインの設定に必要な情報は、表11.4の通りです。

表11.4　ドメイン名の設定項目

項目	値	説明
ドメイン名	aws-intro-sample-2nd.com	サイトが管理するメールアドレスのドメイン名

11.3.2　ドメイン名の設定手順

それでは、Amazon SESにドメイン名を登録していきます。

まずAWSマネジメントコンソール画面の左上にある「サービス」メニューから、SES（Simple Email Service）のダッシュボードを開きます。そこから「Verified identities」の画面を開き、［Create identity］ボタンをクリックします（図11.6）。

> **！注意**
>
> Amazon SESのダッシュボード（管理コンソール）は、執筆時点（2022年9月）では日本語化されていません。

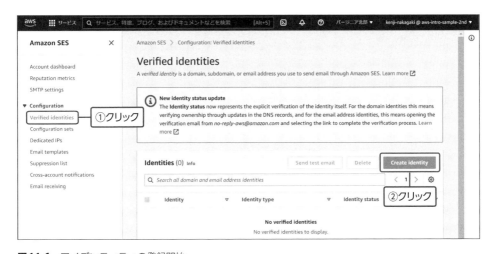

図11.6　アイデンティティの登録開始

265

　次にIdentity typeでDomainを選択して、新しく追加するドメイン名を入力します（図11.7）。ここでは「aws-intro-sample-2nd.com」と入力します。Assign a default configuration setとUse a custom MAIL FROM domainの二つの項目は、単にメールを送信するだけであれば不要なので、ここではチェックをはずしておきます。

　最後にVerification your domainカテゴリで、ドメインの検証方法を設定します。SESではDKIMを使って検証を行います。DKIMとは、メールに電子署名を入れることで、改ざんやなりすましが行われていないことを保証するための設定です。

　まず、Identity typeからEasy DKIMを選択します。するとDKIMの設定用の項目が表示されます。

　DKIM signing key lengthは、検証で使う暗号アルゴリズムの鍵の長さを指定します。ここではRSA_2048_BITを選択します。

　DKIMの設定はDNSに行う必要があります。本書ではRoute 53を使ってDNSを作成しているので、Publish DNS records to Route53のEnabledにチェックを入れて、DNSへの設定を自動で行うようにします。

> **注意**
>
> Amazon SESで管理するドメインを通常（AWS以外）のDNSサーバーで管理している場合は、ここに書かれている情報を、DNSレコードとして手動で追加することで対応できます。

　そして、DKIM signaturesのEnabledにチェックを入れることで、DKIMの署名の利用を有効にします。

　設定がすべて終了したら「Create identity」ボタンをクリックします。

図11.7　追加するドメイン名と検証に関する設定

　これでメール用のドメインが追加されます。追加当初のIdentity statusは確認中（pending）という状態になっています。しばらく（数分～十数分くらい）すると、Identity statusは検証済み（verified）になります（図11.8）。

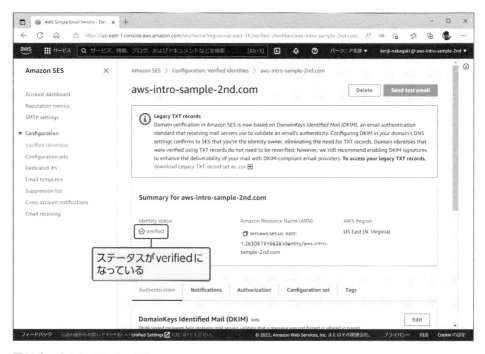

図11.8　ドメインのステータス

11.3.3　検証済みメールアドレスの追加

　現在、Amazon SESはサンドボックスの中にあるため、送受信できるメールは検証済みのメールアドレスのものだけです。検証済みのメールアドレスを追加する手順を見ていきましょう。

追加手順

　Amazon SESのダッシュボードから「Verified identities」の画面を開き、[Create identity] ボタンをクリックします（図11.9）。

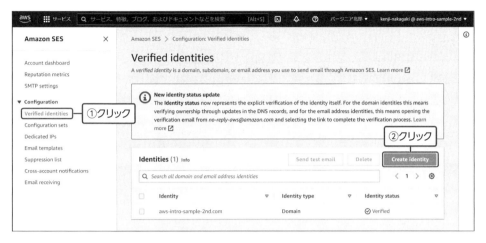

図11.9　検証済みメールアドレスの追加開始

　次に、Identity typeにEmail addressを選択して追加するメールアドレスを入力します。Assign a default configuration setは特に行う必要がないので、ここでは選択しません。最後に［Create identity］ボタンをクリックします（図11.10）。

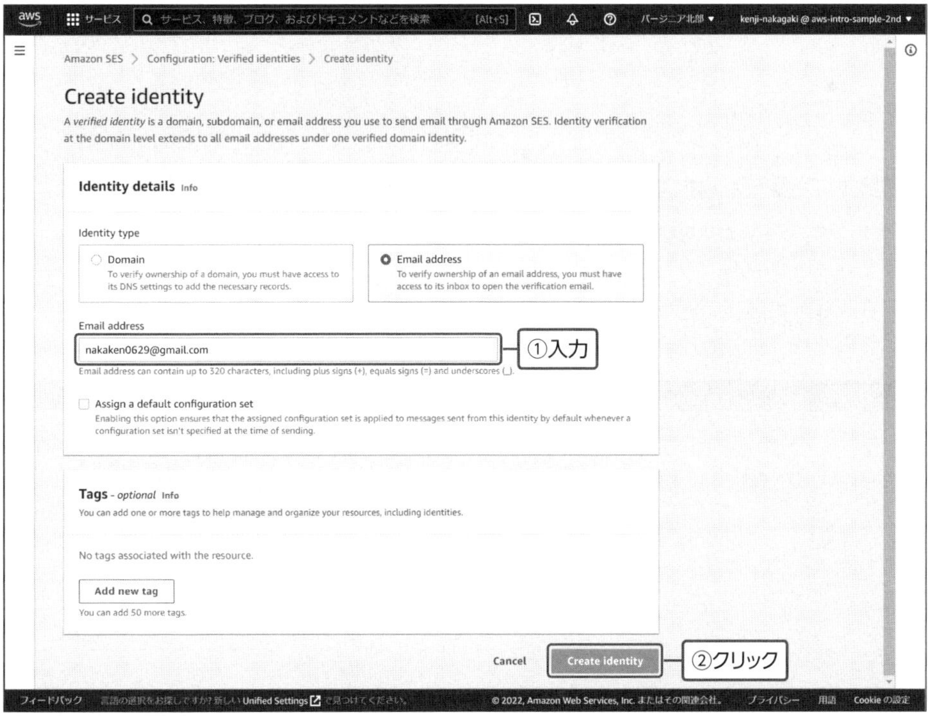

図11.10　追加するメールアドレスを入力する

　すると、メールアドレスの検証を行うためのメールが送信されたことを示す画面が表示されます（図11.11）。次に検証用のメールアドレス用のメールクライアントを開き、送信された検証用のメールを探します（英語ばかりの文面で、メールクライアントによっては迷惑メールと判定されているかもしれないので、注意して探してください）。メールを見つけたら、中に書かれている内容に従って、URLを開きます。

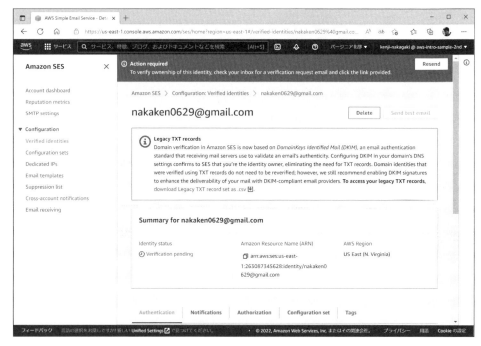

図11.11　検証メール送信を確認する

　これで検証用のメールアドレスが追加されました（図11.12）。

図11.12　追加された検証済みメールアドレス

11.3.4 🧩 **管理コンソールからテストメールの送信**

　ここまでの手順で、Amazon SESの管理コンソール（ダッシュボード）からテストメールを送る準備ができました。正しく設定ができたかどうか、さっそくテストメールを送ってみましょう。

🔄 **テストメールの送信手順**

　先ほど作成したドメインを選択して、[Send test email] ボタンをクリックします（図11.13）。

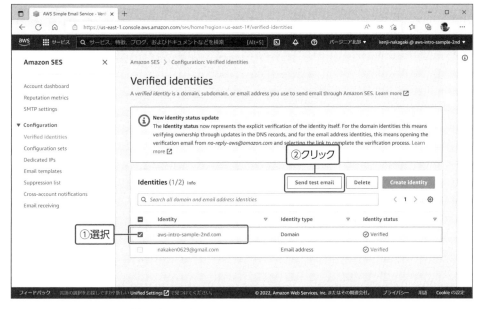

図11.13　テストメールの送信設定を開始

　テストメールを送信するための画面が開くので（図11.14）、表11.5の通り必要な情報を入力します。入力が終わったら [Send test email] ボタンをクリックします。

表11.5　テストメールの入力項目

項目	値	説明
Email Format	Formatted	Formattedの場合には、メールの内容のみを指定する。Rawの場合には、内容に加えて構造（どこがタイトルで、どこか本文かなど）も指定する必要がある

次ページへ続く▶

271

項目	値	説明
From-address	no-reply	送信元のメールアドレスを指定する。ドメインは固定されている。事前にどこかにユーザー登録などをする必要はない
Scenario	Custom	メールの送信先を決める。ここでは検証済みの実際のメールアドレスを指定するのでCustomを選択する
Custom recipient	(任意のメールアドレス)	送信先のメールアドレスを指定する。Amazon SESがサンドボックスの中にある場合は、検証済みのメールアドレスである必要がある
Subject	テスト	メールのタイトル
Body	テストメールです。	メールの本文

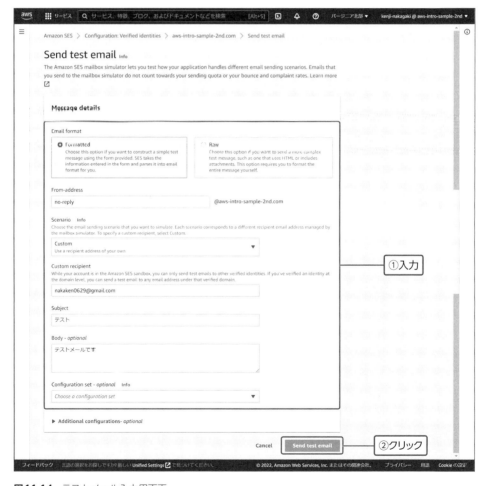

図11.14　テストメール入力用画面

これでToに指定したアドレスにメールが届きます。図11.15はGmailで受信した例です。

図11.15　テストメールの受信

11.3.5 　SMTPによるメール送信

　次に、アプリからメールを送る設定を行います。「11.2.1　メールの送信」で説明した通り、アプリからメールを送る方法には**Amazon SES API**と**Amazon SES SMTPインターフェイス**の2つがあります。ここでは、通常のメールサーバーと同じ方法で実装ができる**Amazon SES SMTPインターフェイス**を使ってメールを送信するための設定手順を説明していきます。

送信手順

　Amazon SESのダッシュボードから「SMTP Settings」の画面を開き、［Create SMTP credentials］ボタンをクリックします（図11.16）。

図11.16　SMTP認証情報の作成開始

　次にSMTP認証を行うときに使うIAMユーザーを作成します（図11.17）。名前は、半角英数で自由につけることができます。アプリから自動で送られたメールの送信者であることがわかる名前がよいでしょう。ここでは「no-reply」という名前をつけます。名前をつけたら［作成］ボタンをクリックします。

> **！注意**
>
> ここでつけた名前と、メールの送信者として表示される名前には直接の関係はありません。ただし後でアプリをメンテナンスする人がわかりやすいようにするため、名前を合わせておくほうがよいでしょう。

図11.17　SMTP認証用IAMユーザーの作成

　これでSMTP認証用のIAMユーザーが作成されました（図11.18）。［認証情報のダウンロード］ボタンをクリックして、認証情報（CSV形式）をダウンロードします。

　このボタンを押す前に画面を閉じると、認証に必要なIDやパスワードなどの情報が手に入らなくなってしまうため注意してください。

図11.18　認証情報のダウンロード

　きちんとIAMユーザーが作成されているかをIAMのダッシュボードで確認しておきましょう。まず、AWSマネジメントコンソール画面の左上にある「サービス」メニューから、IAMのダッシュボードを開きます。そこから、「ユーザー」の画面を開くことで確認できます（図11.19）。

図11.19　IAMユーザーが作成されたか確認

　次に、このIAMユーザーを使ってSMTP経由でメールを送るテストを行います。ここでは、テスト用のプログラムをPythonで記述しました（リスト11.1）。プログラム内で

各種情報を設定している変数の値（＊＊＊＊＊）は、表11.6の内容に置き換えてください。このプログラムは、第6章で作成したWebサーバーにSSHで接続してからPythonコマンドを使って動作させます。

リスト11.1　SMTPでメール送信を行うPythonプログラム（`sendmailtest.py`）

```python
# -*- coding: utf-8 -*-
import smtplib
from email.mime.text import MIMEText
from email.header import Header
from email import charset

# 各種情報
account = '*****'
password = '*****'
server = '*****'
from_addr = 'no-reply@*****'
to_addr = '*****@*****'

# SMTPサーバーに接続する
con = smtplib.SMTP(server, 587)  ──────────────────────── ①
con.set_debuglevel(1)
con.starttls()
con.login(account, password)

# 送信するメールのメッセージを作成する
cset = 'utf-8'
message = MIMEText(u'SMTPのテスト', 'plain', cset)
message['Subject'] = Header(u'SMTP経由での電子メール送信のテストです', cset)
message['From'] = from_addr
message['To'] = to_addr

# メールを送信する
con.sendmail(from_addr, [to_addr], message.as_string())

# SMTPから切断する
con.close()
```

！ 注意

①の587はポート番号です。通常のSMTPでは25がよく使われますが、ここではSESが提供しているセキュアなSMTPの利用方法である「STARTTLS」を使うため、587を指定しています。

表11.6　各種情報

変数	値
account	Smtp Username（ダウンロードした認証情報ファイル内に記載）
password	Smtp Password（ダウンロードした認証情報ファイル内に記載）
server	SMTPサーバー名（図11.16のSMTP endpointに記載）
from_addr	送信者メールアドレス
to_addr	受信者メールアドレス

このプログラムを実行すると、メールがSMTPで送信されます。

実行結果　テストプログラムの実行

```
[ec2-user@ip-10-0-67-110 ~]$ python3.7 sendmailtest.py
send: 'ehlo ip-10-0-67-110.ap-northeast-1.compute.internal\r\n'
reply: b'250-email-smtp.amazonaws.com\r\n'
reply: b'250-8BITMIME\r\n'
reply: b'250-STARTTLS\r\n'
reply: b'250-AUTH PLAIN LOGIN\r\n'

(中略)

send: b'Content-Type: text/plain; charset="utf-8"\r\nMIME-Version: ⏎
1.0\r\nContent-Transfer-Encoding: base64\r\nSubject: =?utf-8?b?U01UUOe1jOe ⏎
UseOBp+OBrumbu+WtkOODoeODvOODq+mAgeS/oeOBruODhuOCueODiOOBp+OBmQ==?=\r\n ⏎
From: no-reply@aws-intro-sample-2nd.com\r\nTo: nakaken0629@gmail.com\r\n\r ⏎
nU01UUOOBruODhuOCueODiA==\r\n.\r\n'
reply: b'250 Ok 010001839612cd7d-40793e21-c9f3-47da-93d8-b8ce4beab553-000000 ⏎
\r\n'
reply: retcode (250); Msg: b'Ok 010001839612cd7d-40793e21-c9f3-47da-93d8- ⏎
b8ce4beab553-000000'
data: (250, b'Ok 010001839612cd7d-40793e21-c9f3-47da-93d8-b8ce4beab553- ⏎
000000')
[ec2-user@ip-10-0-67-110 ~]$
```

11.3.6　メール受信

次にメールを受信するための設定を行います。「11.2.2　メールの受信」で説明した通り、メール受信時にアクションを指定できます。ここでは受信したメールをS3（Amazon S3）のバケットに保存することにします。本書ではaws-intro-sample-2nd-mailboxというS3バケットを、手順の中で同時に作成します。

また、メールを受信する際にはメールアドレスのドメイン名を管理するDNSサーバー

にMXレコードを追加する必要があります。本書では第10章の手順に沿ってRoute 53でホストゾーンを作成しているという前提で、手順を説明していきます。

 受信手順

Amazon SESのダッシュボードから「Email receiving」の画面を開き、[Create rule set] ボタンをクリックします（図11.20）。

> **注意**
>
> Email receivingが表示されない場合は、メール受信に対応していないリージョンで操作している可能性があります。現在のリージョンがSESに対応しているか確認してください。

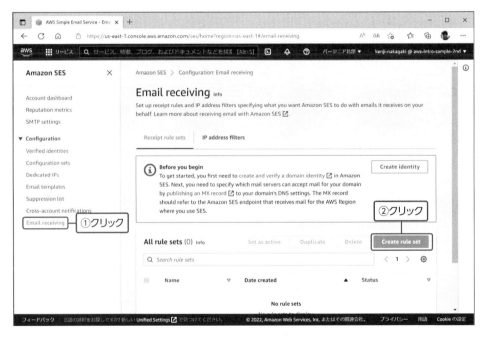

図11.20　メール受信設定の作成開始

すると、まずルールセットの名前を入力するダイアログが開きます。ルールセットの名前を入力します（図11.21）。ルールセットは、複数のルールをまとめて管理するための管理単位です。ここでは「sample-ruleset」とします。入力したら [Create rule set] ボタンをクリックします。

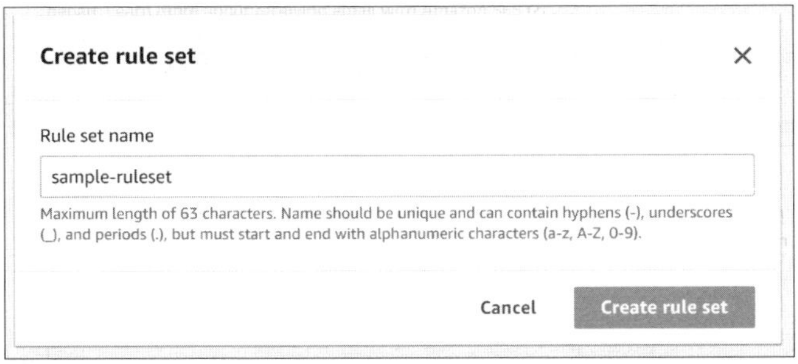

Create rule set　✕

Rule set name

sample-ruleset

Maximum length of 63 characters. Name should be unique and can contain hyphens (-), underscores
(_), and periods (.), but must start and end with alphanumeric characters (a-z, A-Z, 0-9).

Cancel　**Create rule set**

図11.21　ルールセット名の入力

　これでルールセットが作成されます（図11.22）。次にこのルールセットに具体的な
ルールを追加していきます。［Create rule］ボタンをクリックしましょう。

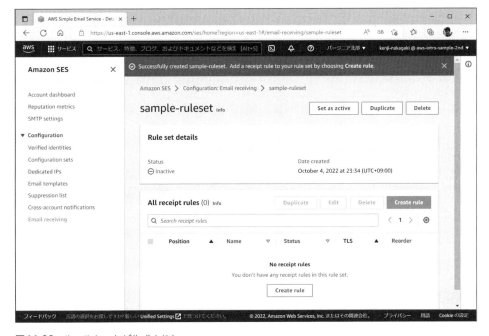

図11.22　ルールセットが作成された

①ルールの詳細情報

　ルールの詳細情報を設定します（図11.23）。ここでは、ルール名（sample-rule-inquiry）だけを入力します。その他の設定はデフォルトのままで大丈夫です。入力が終わったら［Next］ボタンをクリックします。

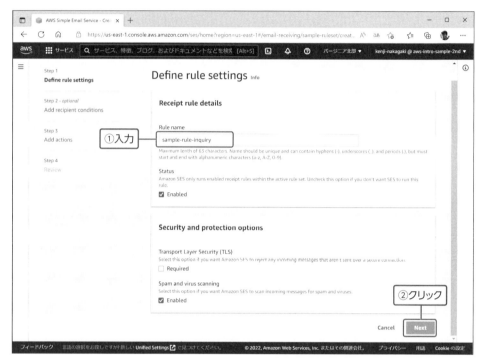

図11.23　ルールの詳細情報を設定

　以下、画面に従って設定を行っていきます。

②受信可能なメールアドレス

　次に受信可能なメールアドレスを設定します（図11.24）。メールアドレスのドメインは、Amazon SESで登録したドメイン名と同じである必要があります。ここでは、［Add new recipient condition］ボタンをクリックして、表示されたテキストボックスに「inquiry@ドメイン名」のように受信可能なメールアドレスを入力します。メールアドレスの設定が終わったら［Next］ボタンをクリックします。

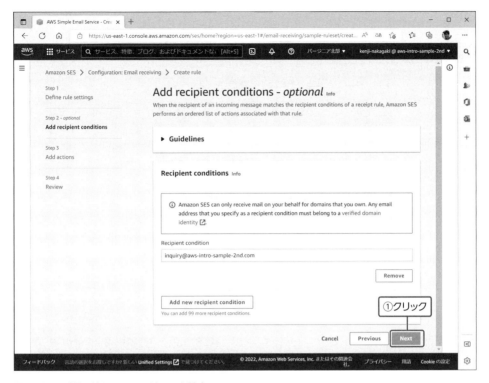

図11.24　受信可能なメールアドレスを設定

③メール受信時のアクション

　メール受信時のアクションを設定します（図11.25）。「Add new action」でS3 Actionを選択します。すると「1. Deliver to Amazon S3 bucket」というタイトルのエリアが追加されます。[Create S3 bucket] ボタンをクリックして、受信したメールを保存するためのS3バケット（ここでは「aws-intro-sample-2nd-mailbox」）を指定します。必要なアクションを指定したら、[Next] ボタンをクリックします。

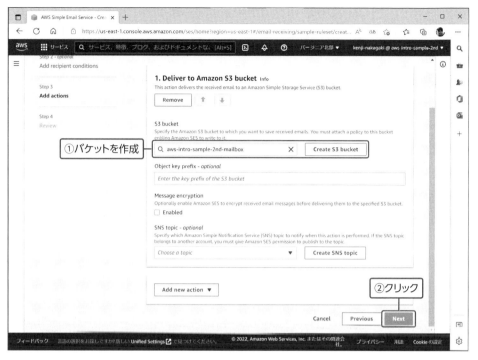

図11.25　メール受信時のアクションを設定

 注意

本書執筆時点で、この手順で作成したS3バケットは、「9.3.2 バケットの作成手順」の中で説明した「ブロックパブリックアクセスのバケット設定」で、「パブリックアクセスをすべてブロック」のチェックが外れています。このチェックは入れていても問題なく動きますので、セキュリティを考慮してチェックを入れておいてください。

④確認

最後に、入力した情報を確認します（図11.26）。間違いがなければ［Create rule］ボタンをクリックします。

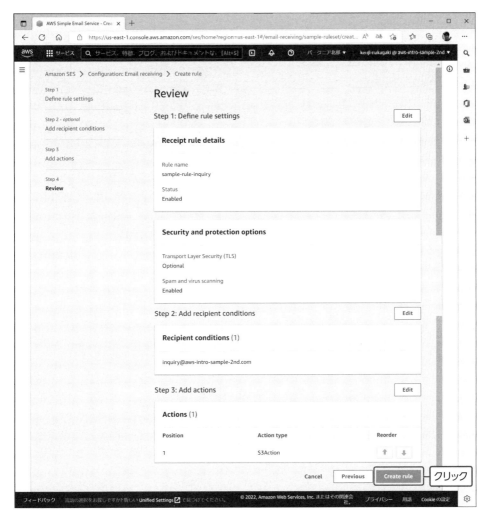

図11.26　設定内容の確認

これでメールを受信するSESの設定が終わりました。

⑤Route 53にMXレコードの登録

受信用のメールサーバーの設定は終わりましたが、この状態ではまだ送信元のSMTP
サーバーが、作成した受信用のメールサーバーの存在を知ることができません。存在を知
らせるためには、Route 53で定義したドメインにMXレコードを追加する必要があります。
「10.5　パブリックDNSにリソース情報を追加する」の手順を用いて、レコードを設定
する画面を開きます。そして次の表の内容を設定します。

表11.7 MXレコードの設定

項目	値	説明
レコード名	（空欄）	メールアドレスのドメインにサブドメインを使わない場合は空欄
レコードタイプ	MX	メールサーバーの設定
値/トラフィックのルーティング先	レコードタイプに応じたIPアドレスまたは別の値	ルーティング先の設定方法
	10 inbound-smtp.us-east-1.⏎ amazonaws.com	作成した受信用のメールサーバーのアドレス

　設定が終わったら「シンプルなレコードを定義」ボタンをクリックします（図11.27）。するとMXレコードが追加されます。

図11.27 MXレコードの追加

　これでメールを受信する準備ができました。「11.3.3　検証済みメールアドレスの追加」で登録した検証済みのメールアドレスから、今回の手順で設定した受信用のメールアドレスにメールを送ってみてください。送られたメールがS3バケットに保存されます。

11.3.7 サンドボックス外に移動する

ここまでの手順を実施した後、十分にテストを行ったら、Amazon SESをサンドボックス外に移動させます。この移動により、さまざまな制限を解除できます。

移動手順

Amazon SESのダッシュボードから、[Request production access] ボタンをクリックします（図11.28）。

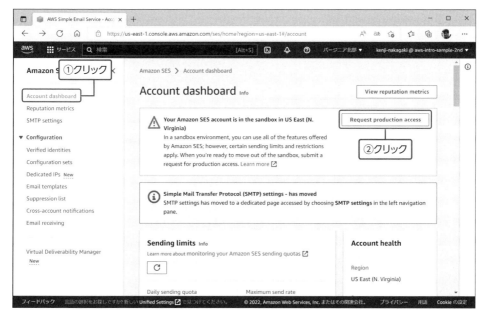

図11.28　サンドボックスの制限を解除する

次に制限を解除するための各種情報を入力し、AWSの承認を受けます（図11.29）。この内容はプロジェクトごとに要件が異なるため、各項目について簡単にまとめます（表11.8）。詳細は以下のAWSのドキュメントを参考にしてください。

Amazon SES サンドボックス外への移動

WEB https://docs.aws.amazon.com/ja_jp/ses/latest/DeveloperGuide/request-production-access.html

表11.8　変更内容

項目	説明
Mail Type	メールの用途。業務用、あるいはプロモーション用などを選択する
Website URL	このメールサーバーを利用するWebサイトのURL
Use case description	どのようにこのメールサーバーを利用するかの説明
Additional contacts	このメールサーバーから送られるメールに関する問い合わせ先
Preferred contact language	この申告のやりとりをAWS担当者とどの言語でするかを決める。日本語や英語が選択できる

　入力が終わったら利用規約に同意するチェックボックスにチェックを入れて［Submit request］ボタンをクリックします。

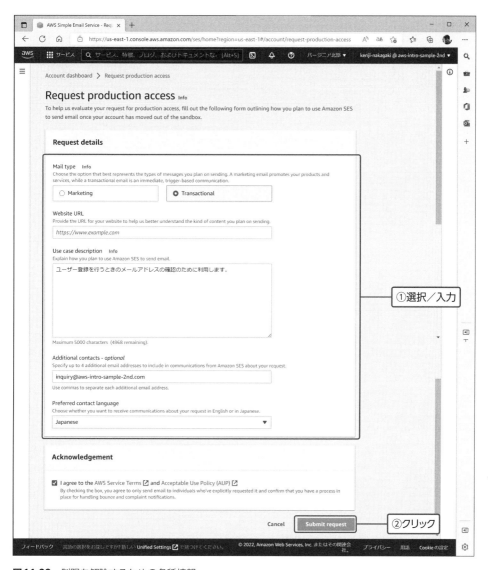

図11.29　制限を解除するための各種情報

　あとは、AWSの内部の担当者による内容確認を待ち、問題なければサンドボックス外にAmazon SESが移動されたことがAWSアカウントのメールアドレスに告知されます。

　これでAmazon SESを使用してメールの送受信を行う、メールサーバーの機能を用意できました。

　最後に、「バージニア北部」に変更したリージョンを、忘れずに「東京」に戻しておきましょう。

287

第 12 章

キャッシュサーバーを
用意しよう

　アプリの性能を向上させるための手法の1つに「キャッシュ」という仕組みがあります。これを効果的に使うと、アプリの性能が桁違いによくなることがあります。キャッシュはWebアプリでもよく使われており、AWSにもキャッシュを実現するマネージドサービスが用意されています（図12.1）。この章では、キャッシュの使い方を見ていきましょう。

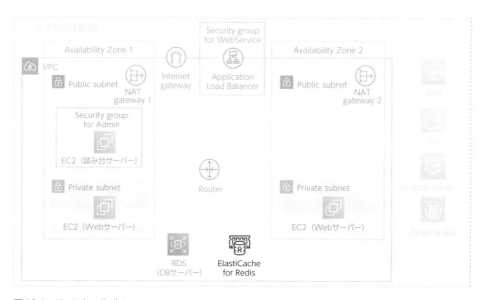

図12.1　第12章で作成するリソース

注意

この章で作成する「ElastiCache」は、1時間単位で使用料がかかります。学習が終了したら巻末付録の「リソースの削除方法」で説明する手順にそってリソースを削除してください。

12.1　キャッシュとは？

　キャッシュとは、時間のかかる処理で得られたデータを保存しておき、次に同じ処理を行う際、保存済みのデータを使って素早く結果を返す仕組みのことです。たとえば、複雑

なSQLを使って得られるデータベースの検索結果や、アプリの外にある別サービスへの
問い合わせによって得られる結果などが、キャッシュを使って高速化されることがあります。

12.1.1　キャッシュの仕組み

　図12.2は、キャッシュのおおまかな動作イメージです。

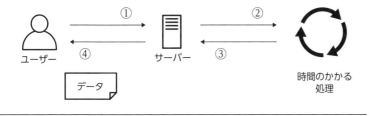

図12.2　キャッシュの仕組み

初回の処理

　①でユーザーからのリクエストを受けた状態では、時間がかかる処理の結果のデータは
サーバーにキャッシュされていません。そのため②で時間のかかる処理を呼び出し、③で
データを受け取ります。そのときに、サーバーに③のデータをキャッシュとして保存して
おきます。そして、④でデータを利用者に返します。

2回目以降の処理

　⑤でユーザーからのリクエストを受けたときに、サーバーにデータがキャッシュとして
残っています。そのため、時間のかかる処理を呼び出すことなく、⑥でデータをユーザー
に返すことができています。

🌀 注意すること

このように素晴らしい機能に見えるキャッシュですが、注意すべきポイントが2つあります。

①時間がかかる処理が返すデータが、キャッシュのデータとずれる可能性がある

たとえば、現在の天気情報を返すサービスを使った処理に時間がかかるとします。その処理結果をキャッシュとして保存する場合、キャッシュに保存されるのは処理時点のデータです（図12.3）。天気情報は1時間ごとに更新されるかもしれませんが、それにあわせてキャッシュのデータも更新されるわけではありません（キャッシュのデータは古いままです）。

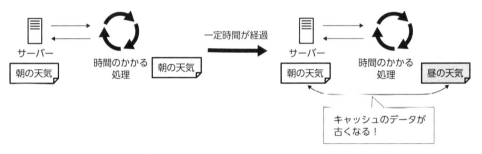

図12.3　キャッシュのデータが古くなる

②キャッシュにデータを保存するための領域がサーバーに必要となる

あまりにたくさんのデータをキャッシュに保存すると、サーバー自身の負荷が高くなり、かえって処理が遅くなる可能性があります（図12.4）。

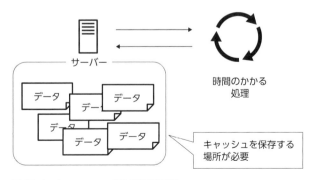

図12.4　キャッシュの保存場所が必要

　このようなポイントを考慮して、キャッシュに保存するデータには一般的に有効期限が設定されます（図12.5）。たとえば、有効期限を1時間と設定した場合、それより古いデータが仮にキャッシュに存在したとしても、そのデータは使われず、新しいデータを取得します。

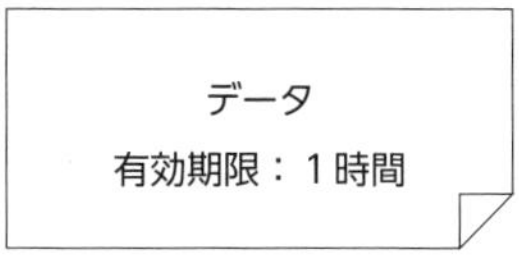

```
データ
有効期限：1時間
```

図12.5　キャッシュデータの有効期限

12.1.2 RedisとMemcached

　キャッシュはその用途から、性能が非常に重視されます。より効率的に、より高速に、という要件を満たすために、キャッシュは安易に自作せず、オープンソースで提供されているキャッシュの実装を利用するのが一般的です。その中でも特に有名なものが、次の2つです。

- Redis
- Memcached

　どちらも広く使われており、信頼性の高いキャッシュの実装です。そのため性能面よりは、作成しているアプリの言語やフレームワークが対応しているかどうかで、どちらのキャッシュの実装を使うかを判断することが多いようです。本書ではサンプルアプリを作ったフレームワークを考慮して、Redisを使うことにします。

　AWSには、これら2つの実装の比較を行っているドキュメントがあります。このドキュメントを参考に、どちらの実装を使うか判断するとよいでしょう。

RedisとMemcachedの比較
　WEB https://aws.amazon.com/jp/elasticache/redis-vs-memcached/

12.2　ElastiCache

　RedisとMemcachedは、いずれもミドルウェアとして提供されています。つまり、EC2で作成したLinuxサーバー上にインストールして、サーバーとして動作させることができます。しかしその場合、データベースとしてMySQLなどを直接インストールしたときと同じく、運用やコスト面で問題が生じます。

　そこで、AWSでは、Redis/Memcachedと互換性のある**ElastiCache**（**Amazon Elasti Cache**）というマネージドサービスが用意されています注1。ElastiCacheは、RedisやMemcachedが導入された環境を提供しています。AWSの利用者は単に、利用するキャッシュの実装を選択するだけで、簡単にキャッシュサーバーを構築できます。

12.2.1　ElastiCacheの階層構造

　ElastiCacheは基本的には、あるキーに対してキャッシュされたデータを返す、単純なキーバリュー型の仕組みを提供します。しかし、内部では扱うデータの量や種類に応じてパフォーマンスを上げるための構成が用意されています（図12.6）。

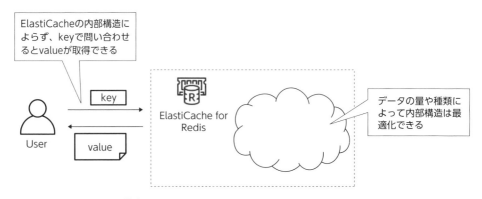

図12.6　ElastiCacheの構造

注1　「ElastiｃCache」ではなく「ElastiCache」が正しいつづりです。

ElastiCacheの階層構造は、表12.1の要素で構成されます。

表12.1　ElastiCacheの階層構造

要素	別名	説明
ノード	―	最小単位。実際のデータはノードに保存される
シャード	ノードグループ	ノードを束ねるグループ。1つのプライマリノードと、複数のレプリカノードで構成される
クラスター	レプリケーショングループ	シャードを束ねるグループ。複数のシャードで構成される

それでは、それぞれの要素について説明していきましょう。

ノード

ノードは、ElastiCacheの最小単位です。キャッシュされるデータが実際に保存される場所を確保します。ノードごとに、キャッシュエンジン（Redis／Memcached）、スペック、容量などを設定できます。

シャード

シャードは、1~6個のノードで構成されます。ノードは、1つのプライマリノードと複数のレプリカノードとなります。

プライマリノードは、データの更新と照会を行います。**レプリカノード**は、プライマリノードに行った更新がコピーされて同じ状態が維持されます。そしてデータの照会は、プライマリノードと同様に行われます。データの更新時にレプリカノードにコピーする時間がかかりますが、データの照会はノードの数だけ性能が上がります

また、プライマリノードに障害が発生した場合でも、レプリカノードが照会処理を継続できるので、耐障害性も上がります（一定の条件が整ったときに、任意のレプリカノードをプライマリノードに昇格させることもできます）。

クラスター

クラスターは、複数のシャードで構成されます。

クラスターを使ってElastiCacheを構成すると、シャードの内容は共有されます。そして、マルチAZ機能を使って、複数のアベイラビリティーゾーンに分散させることができます。あるアベイラビリティーゾーンで障害が発生したときには、短い時間で別のアベイラビリティーゾーンにフェイルオーバーが行われます。

NOTE

フェイルオーバー

利用中の環境が使用不可能な状態になったときに、あらかじめ用意しておいた代替環境へ自動的に切り替わる仕組みのことです。

まとめると、ElastiCacheの内部構造は求められる性能により、図12.7のような形態を選択できます。シャードを構成すると、単一ノードの障害が発生したときの耐障害性と読み込み時の性能向上を行うことができます。クラスターを構成するとアベイラビリティーゾーンに障害が発生したときの耐障害性を向上させることができます。

ただし、耐障害性を高めるほどノードの数も増えます。ノードの数だけコストがかかることには注意が必要です。

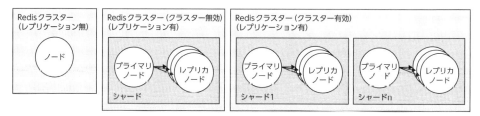

図12.7　ElastiCacheの内部構造

12.3　ElastiCacheを作成する

それでは、ElastiCacheを作成してキャッシュサーバーを用意する方法を見ていきましょう。ここではキャッシュエンジンにRedisを使い、クラスターが有効で、シャード内のノードが3つ（プライマリノード1つ＋レプリカノード2つ）、そしてマルチAZが有効なElastiCacheを作成します（図12.8）。

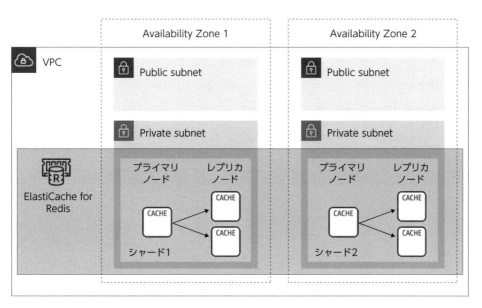

図12.8　作成するElastiCache

12.3.1 📎 作成内容

設定項目のうち、初期値から変更するものを表12.2に示します。

表12.2　ElastiCacheの設定項目

項目	値	説明
クラスターエンジン	Redis	RedisかMemcachedかを選択。Redisエンジン（Amazon ElastiCache for Redis）を使用する
クラスターモード	有効	複数のシャードを使えるようにする
名前	sample-elasticache	クラスターの名前
説明	Sample Elasticache	クラスターの説明
ノードのタイプ	cache.t3.micro	開発用にスペックの低いものを選択している
シャード数	2	
シャードあたりのレプリカ	2	
サブネットグループ	新規作成	ここでは新規作成するが、作成済みのものがあれば、それを使ってもよい
名前	sample-elasticache-sg	サブネットグループの名前
説明	Sample Elasticache Subnet Group	サブネットグループの説明
VPC ID	（第4章で作成したVPC）	サブネットを作成したVPC
サブネット	（第4章で作成したプライベートなサブネットすべて）	サブネットグループを構成するサブネット

12.3.2　🔷 ElastiCache の作成手順

　AWSマネジメントコンソール画面の左上にある「サービス」メニューから、ElastiCacheのダッシュボードを開きます。そこから、「Redisクラスター」の画面を開き、[Redisクラスターを作成] ボタンをクリックします（図12.9）

図12.9　ElastiCacheを作成開始

　続いて、ElastiCacheの設定を行います。すべての設定項目が1つの画面に収まっているため、以降では画面内のカテゴリごとに説明していきます。表12.2をもとに設定を行ってください。

🔷 クラスターの作成方法を選択

　クラスターの作成方法を選択します（図12.10）。ここでは新たにクラスターを作成するので、[新しいクラスターを設定および作成] を選択します。

図12.10　クラスターの作成方法を選択

クラスターモード

クラスターモードを選択します（図12.11）。有効にすると、スケーラビリティと可用
性が向上しますが、コストがかかります。ここでは［有効］を選択します。

図12.11　クラスターモード

クラスター情報

クラスターの情報を設定します（図12.12）。

名前には、Redisクラスターの名前を入力します。

説明には、任意で作成するRedisクラスターに関する情報を入力します。

図12.12　クラスター情報

◉ ロケーション

　ロケーションを選択します（図12.13）。オンプレミスは、AWSの外にキャッシュサーバーが既に存在していて、それを利用します。今回はAWSの中に作成するので、［AWSクラウド］を選択します。

　マルチAZは、RDSの時と同じく、同じ環境を複数のアベイラビリティゾーンに配置して、一方のアベイラビリティゾーンに障害が発生してもキャッシュサーバーが機能するようにするものです。当然ですが、コストは環境に応じてかかります。今回は［有効化］にチェックを入れます。

図12.13　ロケーション

クラスター設定

Redisクラスターの基本設定を行います（図12.14）。

ノードのタイプ、シャード数、シャードあたりのレプリカは、それぞれ事前に決めていた値（表12.2）を入力／選択します。

図12.14　クラスター設定

サブネットグループの設定

次に、サブネットグループを作成します（図12.15）。作成済みのものがあればそれを選択してもよいですが、ここでは［新しいサブネットグループを作成］を選択します。名前とVPC ID（第4章で作成したVPC ID）を指定してください。

そして選択済みのサブネットの［管理］ボタンをクリックして、プライベートなサブネットのみをすべて指定します。

以上の設定により、ElastiCacheはVPC内に作成され、EC2インスタンスなどから利用できるようになります。

301

図12.15　サブネットグループの設定

アベイラビリティゾーンの配置

パフォーマンスや可用性に関する設定を行います（図12.16）。通常はデフォルトのままでよいでしょう。ここでは何も変更せず、このままとします。

図12.16　アベイラビリティゾーンの配置

すべての設定を行ったら［次へ］ボタンをクリックします。

詳細設定

次は詳細設定を行う画面です（図12.17）。ここで設定する内容は基本的にはデフォルトのままで大丈夫です。今回もデフォルトの値を使います。画面を最下段までスクロールして、［次へ］ボタンをクリックします。

図12.17　詳細設定

　最後に設定内容を確認します（図12.18）。間違いがなければ、［作成］ボタンをクリックします。

ElastiCache Management Console
https://ap-northeast-1.console.aws.amazon.com/elasticache/home?region=ap-northeast-1#/redis/create
サービス
東京
kenji-nakagaki @ aws-intro-sample-2nd
ElastiCache > Redis クラスター > 作成
ステップ 1
クラスター設定
ステップ 2
詳細設定
ステップ 3
確認と作成
確認と作成 情報
ステップ 1: クラスター設定
編集
クラスター情報
クラスターを設定するには、次のオプションを使用します。
名前
sample-elasticache
説明
Sample Elasticache
ロケーション
クラスターを AWS クラウドまたはオンプレミスのどちらでホストするかを選択します。
ロケーション
aws-cloud
クラスターモード
有効
クラスター設定
クラスターを設定するには、次のオプションを使用します。
エンジンバージョン
6.2
ポート
6379
パラメータグループ
ノードのタイプ
バックアップウィンドウ
指定がありません
メンテナンス
オペレーティングシステムのパッチ適用、ドライバーの更新、ソフトウェアやパッチのインストールなどの更新の時間範囲 (UTC) を指定します。
メンテナンス期間
指定がありません
マイナーバージョンの自動アップグレード
有効
Amazon SNS 通知のトピック
SNS topic notifications disabled
ログ
Redis スローログまたはエンジンログを提供するかどうかを指定します。
スローログ
無効
エンジンログ
無効
タグ
タグを使用して、clusters を検索およびフィルタリングしたり、AWS コストを追跡したりできます。
キー
値
タグ が見つかりません。
キャンセル
戻る
作成
フィードバック
© 2022, Amazon Web Services, Inc. またはその関連会社。
プライバシー
用語
Cookie の設定

図12.18　確認と作成

　これでElastiCacheが作成されます。なお、ステータスが「Available」になるまで数分～十数分かかるので、しばらく待ちます（図12.19）。

図12.19　作成されたElastiCache

　これでElastiCacheの作成は完了です。

12.4　動作確認

　作成したElastiCacheの動作確認を行います。

SSHでEC2に接続

　今回のElastiCacheはVPC内部に作成しているので、VPC内部にあるEC2から動作確認を行います。ここでは第5章で作成したWebサーバーweb01にSSHで接続してください。

```
PS C:¥Users¥nakak> ssh web01
```

redis-cli コマンドのインストール

　ElastiCache クラスターに接続するには、**redis-cli** コマンドを使います。デフォルトの Amazon Linux 2 には redis-cli コマンドはインストールされていないので、amazon-linux-extras のコマンドで redis6 ライブラリーをインストールします[注2]。まず初めに、"amazon-linux-extras list" で、redis6 ライブラリーがあることを確認します。存在を確認したら次に "sudo amazon-linux-extras install redis6" でライブラリーをインストールします。

```
$ amazon-linux-extras list
(中略)
 54  mariadb10.5            available    [ =stable ]
 55  kernel-5.10=latest     enabled      [ =stable ]
 56  redis6                 available    [ =stable ]
 57  ruby3.0                available    [ =stable ]
 58  postgresql12           available    [ =stable ]
 59  postgresql13           available    [ =stable ]
(中略)

$ sudo amazon-linux-extras install redis6
(中略)
================================================================================
 Package              Arch                    Version ↵
Repository                      Size
================================================================================
Installing:
 redis                x86_64                  6.2.7-1.amzn2 ↵
amzn2extra-redis6               1.1 M

Transaction Summary
================================================================================
Install  1 Package

Total download size: 1.1 M
Installed size: 3.7 M
Is this ok [y/d/N]: y  ....... "y"を入力
Downloading packages:
redis-6.2.7-1.amzn2.x86_64.rpm ↵
 | 1.1 MB  00:00:00
Running transaction check
Running transaction test
Transaction test succeeded
```

注2　amazon-linux-extras コマンドは、Amazon Linux 用のサードパーティー製のライブラリーを操作するために、AWS が提供する公式のコマンドです。

```
Running transaction
  Installing : redis-6.2.7-1.amzn2.x86_64 ⏎
 1/1
  Verifying  : redis-6.2.7-1.amzn2.x86_64 ⏎
1/1

Installed:
  redis.x86_64 0:6.2.7-1.amzn2

Complete!
```

🕐 クラスターの接続テスト

　接続はElastiCacheのクラスターに対して行います。そのため、キャッシュにデータを登録するテストは行わずに、クラスターに対して接続テストを行うのみにします。

　まず、作成したElastiCacheのクラスターの詳細を確認しましょう。ElastiCacheのダッシュボードから、「Redisクラスター」の画面を開きます。作成したElastiCacheのクラスターを選択して［詳細］ボタンをクリックします。「設定エンドポイント」でドメインとポート番号を確認できるので、控えておきます（図12.20）。

図12.20　クラスターの詳細

　それでは、Webサーバーweb01上で次のようにredis-cliコマンドを実行し、ElastiCacheから反応が返ってくることを確認しましょう。

```
[ec2-user@ip-10-0-67-110 ~]$ redis-cli -c -h sample-elasticache.4ddkqy.↵    ──①
clustercfg.apne1.cache.amazonaws.com
sample-elasticache.4ddkqy.clustercfg.apne1.cache.amazonaws.com:6379> ↵    ──②
flushall
OK
sample-elasticache.4ddkqy.clustercfg.apne1.cache.amazonaws.com:6379> ↵    ──③
get key1
-> Redirected to slot [9189] located at 10.0.86.14:6379
(nil)
10.0.86.14:6379> set key1 "hello world"    ──④
OK
10.0.86.14:6379> expire key1 10    ──⑤
(integer) 1
10.0.86.14:6379> get key1    ──⑥
"hello world"
(１０秒くらい待つ)
10.0.86.14:6379> get key1    ──⑦
(nil)
10.0.86.14:6379>exit    ──⑧
```

　①では、作成したキャッシュサーバーに接続しに行きます。-cは、クラスターを有効にしてキャッシュサーバーを作成したときに指定します。-hは先ほど確認した、キャッシュサーバーのドメインを入力します。ポート番号はデフォルトで6379が使われるので入力しません。これ以降は、redis-cliのコマンドを順に入力していきます。

　②では、キャッシュサーバー内のすべてのオブジェクトを削除します。

　③では、key1という名前のオブジェクトが存在しているかどうか確認します。②ですべてのオブジェクトを削除しているので、対応するオブジェクトがないことを示すnilが返ってきています。

　④で、key1というキーで「hello world」という文字列を保存します。

　⑤では、key1の有効期限を10秒にしています。

　続けて⑥でkey1というキーのオブジェクトを取得すると、④で保存した「hello world」というオブジェクトが返ります。

　10秒ほど待って有効期限が切れたところで、もう一度⑦でkey1というキーのオブジェクトを取得しようとすると、有効期限が切れているのでnilが返ります。

　最後に⑧でredis-cliを終了します。

　これでElastiCacheの作成と動作確認が完了しました。

第 13 章

サンプルアプリを
動かしてみよう

　前章までで、Webアプリを動かすための環境構築を終えることができました。この章では、ここまで作成した環境を使ってサンプルアプリを動かしてみます。個別に作ってきたAWSのサービスが組み合わさって1つのインフラとなり、Webアプリを動かす環境となることを体験してみましょう。

 注意

第2章で［今すぐ無料サインアップ］をクリックしてAWSを使いはじめた方は、**初めてサインインしてから12か月間**、無料で利用できます。ただし、この**無料期間が過ぎた場合**あるいは**アプリ使用量が無用利用枠を超えた場合**は、利用料が発生するため注意してください。詳細は以下を参照してください。

AWS 無料利用枠
　WEB https://aws.amazon.com/jp/free/
　WEB https://aws.amazon.com/jp/free/free-tier-faqs/

利用料について
環境を構築するとAWSのリソースの利用料が発生します。コストは時間単位で課金されますが、仮に1か月利用し続けると合計で3～4万円ほどになります。
学習目的で構築した場合は、学習終了後に**必ず、コストのかかるリソースを削除**してください（削除し忘れないよう気をつけてください）。特に、次のリソースは料金の割合が高いので、気をつけてください。

- NATゲートウェイ
- EC2
- Elastic IP
- Application Load Balancer
- RDS
- ElastiCache

S3も利用料がかかりますが、S3バケットそのものの削除ではなく、S3バケットに保存されたすべてのオブジェクトを削除することが推奨されています。仮にS3バケットそのものを削除すると、同じ名前のS3バケットが作れなくなることがあります。詳しくは、AWSのドキュメントを参照してください。

S3 バケットを削除する方法
　WEB https://docs.aws.amazon.com/ja_jp/AmazonS3/latest/user-guide/delete-
　　　bucket.html

また、次のリソースは、時間単位ではなく、月単位あるいは年単位で利用料がかかります。これらについては、頻繁に削除と作成を繰り返すと無駄なコストがかかってしまうので、削除タイミングは注意してください。

- パブリックDNS［月単位］（※ただし作成してから12時間以内に削除すれば、料金はかからない）
- ドメイン使用料［年単位］

上記すべてに対応したとしても、料金が無料になるとは限りません（AWSの料金体系が変更される可能性があるため）。確実に料金がかからなくなるようにするには、作成したすべてのリソースを削除してください。

本書で作成したリソースのうち、料金がかかるリソースを削除する方法については、巻末の付録「リソースの削除方法」を参照してください。

13.1 インフラに配置するアプリ

　AWSは特定の言語やフレームワークには依存していないので、どのような言語／フレームワークで作られたアプリも動作させることができます。その中でも、特にWebアプリを構築するときによく使われるフレームワークの1つにRuby on Railsがあります。そこでこの章では、Ruby on Railsの有名なチュートリアルサイト「Ruby on Railsチュートリアル」の第3章以降で説明されているサンプルアプリ（図13.1）をAWSで動作するように少し改良し、本書で作成したインフラ上で実行してみます。

Ruby on Railsチュートリアル　第3章
WEB https://railstutorial.jp/chapters/static_pages?version=5.1#cha-static_pages

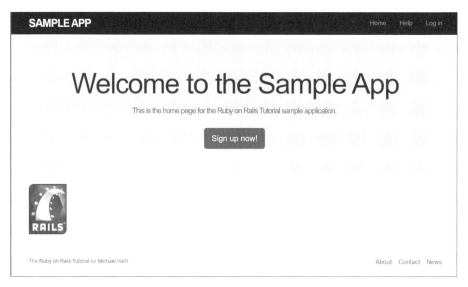

図13.1　サンプルアプリのトップ画面

このサンプルアプリは、次の機能を持つシンプルなSNSサイトです。

- ユーザー登録（図13.2）
- 短文と画像の投稿（図13.3）
- 他のユーザーのフォロー（図13.4）

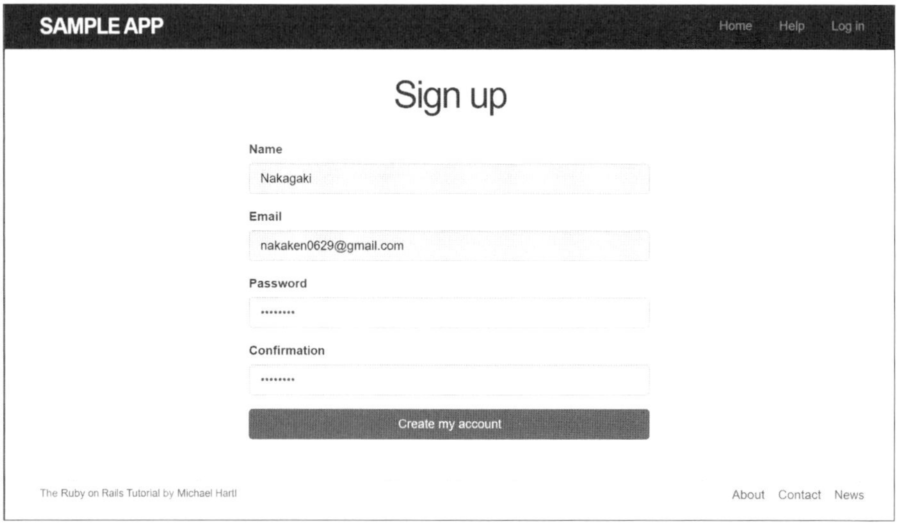

図13.2　ユーザー登録画面

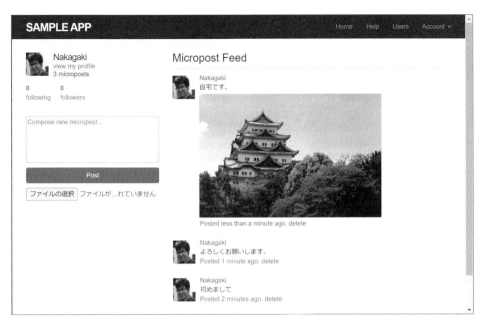

図13.3　短文と画像の投稿画面

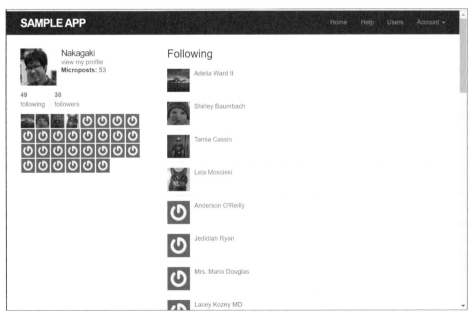

図13.4　他のユーザーのフォロー画面

315

13.2 インフラ構成を確認する

それでは、サンプルアプリを動作させるための構成について見ていきましょう。
構成には、大きく次の2つがあります。

- インフラ
- ミドルウェア

インフラは、ここまで説明してきたAWSのサービスを組み合わせたものになります。
ミドルウェアは、インフラの中でも特にWebサーバーに導入する各種ソフトウェアに
関するものになります。以降、それぞれについて詳しく見ていきます。

13.2.1 インフラ

このアプリをデプロイするインフラについて確認しましょう。
インフラ構成は、図13.5の通りです。これは、第3章〜第12章で説明したすべての設
定を行うことで構築されるインフラです。

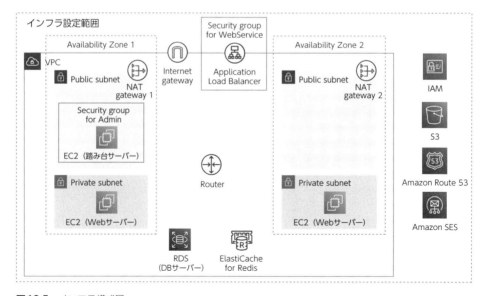

図13.5 インフラ構成図

リソース管理（IAM）

このアプリで利用するユーザーやグループなどの情報は、第3章で説明したIAMで一括して管理します。

ネットワーク（VPC）

ネットワークは、第4章で説明したものを用意します。1つのVPCの中に**パブリックサブネット**と**プライベートサブネット**を2つずつ用意します。

また、一般ユーザーからWebのリクエストを受け付けること、そして管理ユーザーからのSSH接続のリクエストを受け付けることを目的に、2つの**セキュリティグループ**を用意します。

インターネットからVPC内部へのアクセスとその逆のアクセスができるよう、**インターネットゲートウェイ**と**NATゲートウェイ**を用意します。そして、VPC内のリソースが互いに通信できるよう**ルーティングテーブル**を設定します。

Webサーバー（EC2）

EC2インスタンスは、3つ用意します。

1つは、第5章で説明した**踏み台サーバー**です。アプリの管理者が外部から接続するための入り口となるサーバーで、パブリックサブネットに用意します。

残りの2つは、第6章で説明した**Webサーバー**です。アプリのユーザーがアクセスする、サンプルアプリを動作させるサーバーです。2つのプライベートサブネットに分散させて配置します。

ロードバランサー（EC2：Application Load Balancer）

第7章で説明した**ロードバランサー**は、アプリのユーザーからのリクエストを受け付ける場所として1つ作成します。

データベースサーバー（RDS）

サンプルアプリが利用する**データベースサーバー**は、第8章で説明したようにVPC内部に用意します。図13.5では1つしかないように見えますが、実際にはマルチAZなどの機能を使って、複数で構成されるようにします。

画像を保存するストレージ（S3）

画像を保存するS3は、第9章で説明したようにVPCの外部に作成します。

ドメイン（Route 53）

第10章で説明したRoute 53は、このシステムのドメインを管理するパブリックなものと、VPC内部のサーバーにつけられた名前を管理するプライベートなものの、2つの設定を行います。

メールサーバー（Amazon SES）

第11章で説明したメールサーバー（Amazon SES）は、S3と同じくVPCの外部に作成します。

キャッシュ（ElastiCache）

第12章で説明したキャッシュ機能（ElastiCache）は、VPCの内部に作成します。RDSと同じく、実際にはクラスターなどの機能を使って複数作成されます。

巻末の付録に、このインフラの設定項目をまとめた表（設定項目一覧）を収録しています。サンプルアプリがうまく動作しないときには、巻末の表を参照しながら、設定項目が正しく設定されているかどうかを確認してください。

13.2.2 ミドルウェア

次に、このサンプルアプリを動作させるミドルウェアについて説明していきます。このサンプルアプリは、Webサーバー上で動作します。そのため、ミドルウェアはWebサーバー上で設定していきます。

サンプルアプリは、Ruby on Railsというフレームワークで動作します。そこで、プログラム言語のRubyを導入します。また、Ruby on Rails自身もWebサーバーとしての機能を持っていますが、より効率よく多人数からのリクエストを受け付けられるよう、ロードバランサーとRuby on Railsの間にnginxというWebサーバーを用意します（図13.6）。

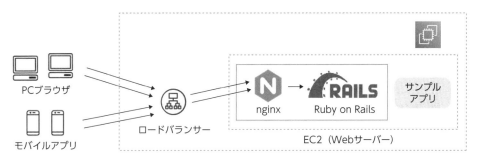

図13.6　ミドルウェア

13.3  サンプルアプリを導入する

それでは、サンプルアプリをWebサーバーに導入してみましょう。導入にあたっては大きく次の手順で行います。

- OSの設定やミドルウェアの導入
- Ruby on Rails環境の構築
- サンプルアプリの導入

これらの手順は、**web01のみ** と明記しているもの以外は、2つのWebサーバーweb01とweb02でそれぞれ行う必要があります。

それでは、具体的な導入手順について説明していきます。

13.3.1 OSの設定やミドルウェアの導入

まずはOSの設定やミドルウェアの導入を、Webサーバーに対して行います。これは、OSの管理者権限を持つ**ec2-user**で行います。

まず、2つのWebサーバーにそれぞれsshコマンドで接続します。

```
PS C:¥Users¥nakak> ssh web01
[ec2-user@ip-10-0-67-66 ]$
```

```
PS C:¥Users¥nakak> ssh web02
[ec2-user@ip-10-0-80-12 ]$
```

ミドルウェアのインストール

次にnginx本体やRuby on Railsを動作させるために必要なミドルウェアのインストールを、以下のコマンドで行います。

ミドルウェアのインストール

```
$ sudo yum -y install git gcc-c++ glibc-headers openssl-devel readline ↵
libyaml-devel readline-devel zlib zlib-devel libffi-devel libxml2 libxslt ↵
libxml2-devel libxslt-devel sqlite-devel libcurl-devel mysql mysql-devel ↵
ImageMagick
$ sudo amazon-linux-extras install -y nginx1
```

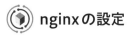 ## nginxの設定

　次にnginxがサンプルアプリを実行しているRuby on Railsと連携できるように設定を行います。まず、リスト13.1の内容を「/etc/nginx/conf.d/rails.conf」というファイルとして保存します。保存するフォルダはroot権限が必要なので注意してください。たとえば、vimエディタを使って作業する場合、「sudo vim /etc/nginx/conf.d/rails.conf」というように、sudoコマンドが必要となります（リスト13.1）。

リスト13.1　サンプルアプリ用のnginxの設定（/etc/nginx/conf.d/rails.conf）

```
upstream puma {
  # pumaの設定で指定したsocketファイルを指定
  server unix:///var//www/aws-intro-sample-2nd/tmp/sockets/puma.sock;
}

server {
  # nginxが待ち受けしたいポートを指定
  listen 3000 default_server;
  listen [::]:3000 default_server;
  server_name puma;

  location ~ ^/assets/ {
    root /var/www/aws-intro-sample-2nd/public;
  }

  location / {
    proxy_read_timeout 300;
    proxy_connect_timeout 300;
    proxy_redirect off;
    proxy_set_header Host $host;
    proxy_set_header X-Forwarded-Proto $http_x_forwarded_proto;
    proxy_set_header X-Forwarded-For $proxy_add_x_forwarded_for;
    # 上記server_name で設定した名前で指定
    proxy_pass http://puma;
  }
}
```

deployユーザーの作成

　次にdeployユーザーを作成します。deployユーザーは、サンプルアプリを動作させる権限を持つ一般ユーザーとします。ec2-userユーザーは管理者に近い権限を持つため、通常、このようにアプリを動作させる権限のみに制限した一般ユーザーを作成します。

deployユーザーの作成

```
$ sudo adduser deploy
```

アプリを動作させるディレクトリ

　最後に、サンプルアプリを動作させるディレクトリを作成します。このディレクトリは deployユーザーで操作するので、chownコマンドを使ってディレクトリの権限も変更しておきます。

ディレクトリの作成

```
$ sudo mkdir -p /var/www
$ sudo chown deploy:deploy /var/www
```

　これでミドルウェアのインストール作業が終わりました。

13.3.2　Ruby on Rails環境の構築

　続けて、Ruby on Rails環境の構築を行います。先ほどのミドルウェアのインストールを終えた状態から進めていきます。

deployユーザーに切り替える

　まずは、deployユーザーにスイッチします。

deployユーザーにスイッチ

```
$ sudo su - deploy
```

Rubyのインストール

　サンプルアプリはRuby on Railsで作成されているため、Rubyをインストールします。Rubyのインストール方法はいくつかありますが、ここではrbenvを使ってインストールします。rbenvは、複数のバージョンのRubyを効率よく導入するためのソフトウェアです。

rbenvのインストール

```
$ curl -fsSL https://github.com/rbenv/rbenv-installer/raw/HEAD/bin/↵
rbenv-installer | bash
$ echo 'export PATH="$HOME/.rbenv/bin:$PATH"' >> ~/.bash_profile
$ echo 'eval "$(rbenv init -)"' >> ~/.bash_profile
$ source ~/.bash_profile
```

　次にrbenvを使ってRuby本体をインストールします。これは、5〜10分ほど時間がかかります。

Ruby本体のインストール

```
$ rbenv install 2.6.6
$ rbenv global 2.6.6
```

🔄 Ruby on Rails のインストール

　最後に、Ruby on Railsをインストールします。

Ruby on Railsのインストール

```
$ gem install rails -v 5.1.6
```

　これでRuby on Railsの環境が構築できました。

13.3.3 🔷 サンプルアプリの導入

　最後にサンプルアプリを導入します。サンプルアプリは、筆者のGitHubのリポジトリにあります（図13.7）。後でGitのコマンドで入手します。

サンプルアプリのリポジトリ
　WEB https://github.com/nakaken0629/aws-intro-sample-2nd

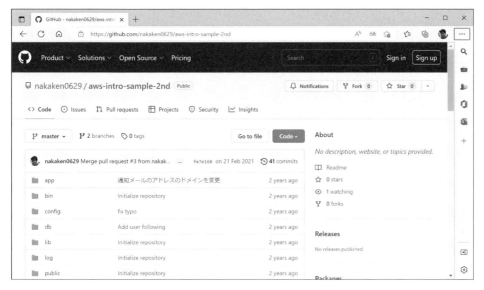

図13.7 サンプルアプリのリポジトリ

導入作業は、引き続きdeployユーザーで行います。

🔷 データベースとユーザーの作成　web01のみ

まずは、RDS上にサンプルアプリが使うデータベースとユーザーを用意します。mysqlコマンドを実行して、mysqlサーバーに接続します（①）。接続に成功したら、データベースの作成とユーザーの作成を行います（②）。**ここで決めたパスワードは、あとでサンプルアプリの設定を行うときに使うので、書き留めておいてください**。また、mysqlのコマンドは、最後にセミコロンが必要なことに注意してください。なお、この手順はRDSを更新するためのものなので、web01だけで行います。

データベースとユーザーの作成

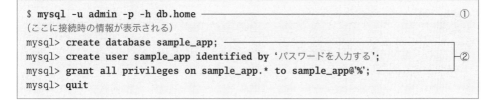

```
$ mysql -u admin -p -h db.home ──────────────────────────── ①
（ここに接続時の情報が表示される）
mysql> create database sample_app; ─────────────────
mysql> create user sample_app identified by 'パスワードを入力する';    ②
mysql> grant all privileges on sample_app.* to sample_app@'%';
mysql> quit
```

サンプルアプリの入手

次に筆者のリポジトリからサンプルアプリを入手します。Gitのcloneコマンドを使います。

サンプルアプリの入手

```
$ cd /var/www
$ git clone https://github.com/nakaken0629/aws-intro-sample-2nd.git
```

 ## Ruby ライブラリの導入

サンプルアプリで必要なRubyのライブラリ（Gem）を導入します。サンプルアプリにこの作業を行うためのコマンドが用意されているので、それを利用します。

ライブラリの導入

```
$ cd aws-intro-sample-2nd
$ bundle install
```

 ## シークレットキーの生成　web01のみ

Ruby on Railsのセキュリティを保つために必要なランダムな値を生成します。このコマンドの出力結果は、コピーして控えておいてください（この後の設定で使用します）。

シークレットキーの生成

```
$ rails secret
```

 注意

> シークレットキーの生成は、web01だけで行います。この後の設定で、このシークレットキーを指定しますが、web01とweb02で同じシークレットキーを使います。

324

サンプルアプリ用の設定

　最後に、サンプルアプリが必要とする設定を行います。この設定は、deployユーザーのホームディレクトリに保存されている .bash_profileファイルで記述します。このファイルの最後に、リスト13.2の設定を追加してください。また、各設定の値（表13.1）は、みなさんがAWSで設定したものに書き換えてください。

リスト13.2　サンプルアプリ用の設定（.bash_profile）

```
# サンプルアプリ用の設定
export SECRET_KEY_BASE=作成したシークレットキー ──────────── ①
export AWS_INTRO_SAMPLE_DATABASE_PASSWORD=設定したパスワード ──────── ②
export AWS_INTRO_SAMPLE_HOST=ロードバランサーにつけたCNAME ──────── ③
export AWS_INTRO_SAMPLE_S3_REGION=画像保存用のS3があるリージョン ─────── ④
export AWS_INTRO_SAMPLE_S3_BUCKET=画像保存用のS3のバケット ──────── ⑤
export AWS_INTRO_SAMPLE_REDIS_ADDRESS=ElastiCacheのアドレス ──────── ⑥
export AWS_INTRO_SAMPLE_SMTP_DOMAIN=Amazon SESのドメイン ──────── ⑦
export AWS_INTRO_SAMPLE_SMTP_ADDRESS=Amazon SESのアドレス ──────── ⑧
export AWS_INTRO_SAMPLE_SMTP_USERNAME=SMTPユーザー ──────────── ⑨
export AWS_INTRO_SAMPLE_SMTP_PASSWORD=SMTPパスワード ──────────── ⑩
```

> **注意**
>
> この前の手順で、web01でシークレットキーを生成しました。SECRET_KEY_BASE（①）は、web01、web02ともに同じ値を指定してください（つまり、web01で作成したシークレットキーをweb02の設定にも指定します）。異なる値を指定した場合、Webアプリが正常に動作しません。

　設定を .bash_profileファイルに追加したら、その内容を反映させます。

.bash_profileの反映

```
$ source ~/.bash_profile
```

> **NOTE**
>
> 　今後新たにsshで接続した時には、自動的に .bash_profileの内容が反映されるので、sourceコマンドを実行する必要はありません。

表13.1　各設定項目の値の確認方法

設定項目	値の確認方法
① SECRET_KEY_BASE	p.324「シークレットキーの生成」で取得したシークレットキー。web01、web02で同じ値を指定
② AWS_INTRO_SAMPLE_DATABASE_PASSWORD	p.323「データベースとユーザーの作成」で指定したMySQLのパスワードを指定
③ AWS_INTRO_SAMPLE_HOST	p.222「10.5.1　パブリックDNSへの追加手順」で追加した別名。図10.25のレコード名
④ AWS_INTRO_SAMPLE_S3_REGION	p.194「9.3.2　バケットの作成手順」で作成したバケットのリージョンとバケット名。図9.12の「リージョン」と「バケット名」
⑤ AWS_INTRO_SAMPLE_S3_BUCKET	
⑥ AWS_INTRO_SAMPLE_REDIS_ADDRESS	p.306「12.4　動作確認」で確認した、クラスターのドメイン
⑦ AWS_INTRO_SAMPLE_SMTP_DOMAIN	p.265「11.3.2　ドメインの設定手順」で追加したドメイン
⑧ AWS_INTRO_SAMPLE_SMTP_ADDRESS	p.273の図11.16に表示されているSMTP endpoint
⑨ AWS_INTRO_SAMPLE_SMTP_USERNAME	p.275の図11.18でダウンロードしたCSVファイル内に記載
⑩ AWS_INTRO_SAMPLE_SMTP_PASSWORD	p.275の図11.18でダウンロードしたCSVファイル内に記載

テーブルの作成 `web01のみ`

　ダウンロードしたサンプルアプリの中には、データベースにテーブルを作成するための設定が入っています。その内容を反映させます。

テーブルの作成

```
$ rails db:migrate RAILS_ENV=production
```

サンプルアプリの起動

　それでは、設定を終えたサンプルアプリが正常に起動するか確認しましょう。

ユーザーの切り替え

　現在、deployユーザーで設定作業をしていました。設定した内容を更新するため、いったんec2-userユーザーに戻ります。

deployユーザーでの作業を終了

```
$ exit
```

変更した設定を更新

変更した設定を読み込むため、nginxを再起動します。

nginxの再起動

```
$ sudo systemctl restart nginx.service
```

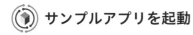 サンプルアプリを起動

次に、deployユーザーにスイッチして、サンプルアプリを起動（実行）します。また、実行するディレクトリはサンプルアプリを保存した場所です。

サンプルアプリの起動

```
$ sudo su - deploy
$ cd /var/www/aws-intro-sample-2nd
$ rails assets:precompile RAILS_ENV=production
$ rails server -e production
```

これでサンプルアプリが起動しました。

 注意

サンプルアプリを停止するときは、キーボードで［Ctrl］＋［C］キーを押します。

13.4 動作確認

それでは、作成したサンプルアプリの動作確認を行ってみましょう。

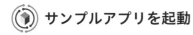 サンプルアプリにアクセス

まずは、作成したドメイン名でアクセスしてみます。

https://www.取得したドメイン名/

するとトップ画面が表示されます（図13.8）。

327

図13.8　トップ画面

ユーザー登録

　[Sing up now!]というボタンをクリックして、ユーザー登録を行ってみましょう。
Sign up画面が表示されるので、必要な情報を入力して[Create my account]ボタンを
クリックします（図13.9）。

　もし第11章「11.3.7　サンドボックス外に移動する」の手順を行っていない場合は、

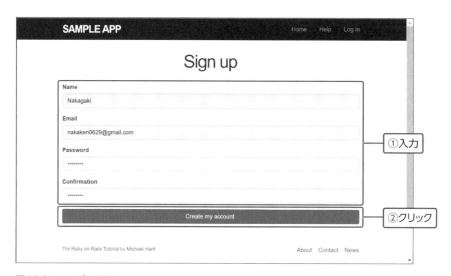

図13.9　ユーザー登録

ここで登録できるメールアドレスはAmazon SESのダッシュボードで登録した**検証済み メールアドレスのみ**であることに注意してください。

 ログイン

　トップ画面が表示されます（図13.10）。アカウントが作成されたことを示すメッセージが表示されていますが、まだログインできる状態にはなっていません。

図13.10　メッセージが表示されたトップ画面

　Amazon SESで指定したメールアドレスに、メールアドレスを検証するためのメールが送信されています。メールの文面に検証用のURLが書かれているので、そのURLをブラウザで開きます（図13.11）。

　これでログインした状態になりました。

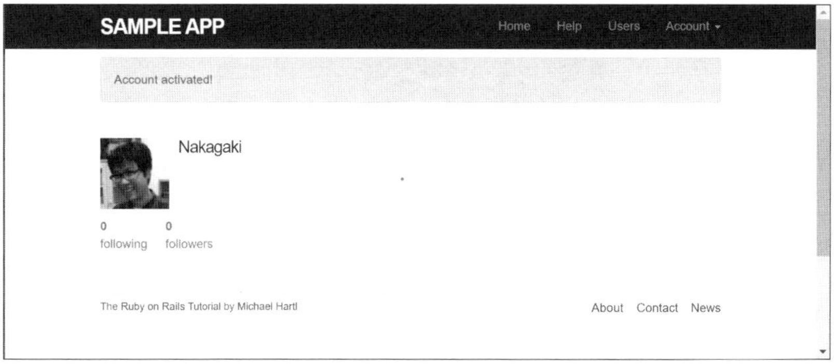

図13.11　ログインした状態

329

短文と画像の投稿

続いて、このアプリの「短文と画像の投稿」機能を試してみます。画面上部（図13.11）の「Home」リンクをクリックしてください。

これで投稿画面が表示されます（図13.12）。ここで短い文章や画像を投稿してみましょう。入力したら［Post］ボタンをクリックします。

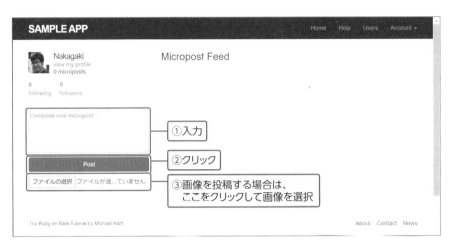

図13.12　短文と画像の投稿

投稿内容が表示されたら、動作確認は終了です（図13.13）。

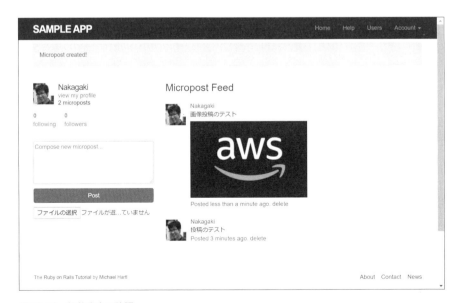

図13.13　投稿内容の確認

投稿データの確認

最後に、投稿したデータがRDSやS3に登録されているかどうかを確認します。

RDS

RDSに登録されたデータの確認は、mysqlコマンドを使ってRDSに接続して行います。Webサーバーに接続して、

```
PS C:\Users\nakak> ssh web01
```

次のコマンドを実行してください。画面上で登録した投稿の内容が表示されます。

```
$ mysql -u sample_app -p -h db.home sample_app -e 'select * from microposts\G'
```

実行結果 RDSの内容確認

```
$ sudo su - deploy
$ mysql -u sample_app -p -h db.home sample_app -e 'select * from microposts\G'
Enter password:
*************************** 1. row ***************************
       id: 1
  content: 投稿のテスト
  user_id: 4
created_at: 2022-10-08 11:09:52
updated_at: 2022-10-08 11:09:52
  picture: NULL
*************************** 2. row ***************************
       id: 2
  content: 画像投稿のテスト
  user_id: 4
created_at: 2022-10-08 11:10:15
updated_at: 2022-10-08 11:10:15
  picture: himejijo.jpg
```

S3

S3に保存された画像の確認は、S3ダッシュボードから行います。

まずS3のダッシュボードから、サンプルアプリで使用するS3バケット（ここでは「aws-intro-sample-2nd-upload」）を選択します（図13.14）

図13.14　S3バケットを選択

　次に、バケットの中のフォルダをたどり、ファイルがアップロードされていることを確認します。サンプルアプリでは、アップロードされたファイルはバケットの中の`/uploads/micropost/picture/(id)/`フォルダに保存されます（図13.15）。

図13.15　S3に保存された画像の確認

　これでサンプルアプリの動作確認を行うことができました。うまく動かないところがあれば、設定項目を見直してみましょう。

 NOTE

ログファイルの確認方法

チュートリアルがうまく動かないときには、アプリケーションのログファイルを確認してみましょう。

ログファイルは`log/production.log`です。railsコマンドを実行したディレクトリで、以下のコマンドを実行してみてください。

```
$ less -r log/production.log
```

すると、アプリケーションを実行しているときのさまざまな情報が表示されます。[SHIFT] + [G] キーでログファイルの一番最後に移動し、[K] キーを押すと1行ずつ上に移動します。

そうして「FATAL」や「ERROR」というキーワードが登場しているあたりを丹念に読み込んでいくと、エラーの原因が書かれています。次のログは、環境変数AWS_INTRO_SAMPLE_SMTP_ADDRESSに間違った値を設定したときに出ていたログの例です。

```
I, [2022-10-08T10:55:15.856744 #30742]  INFO -- : [2fc0e6b5-20af-40d5-↵
9b9b-7deb36c8b042] Completed 500 Internal Server Error in 361ms ↵
(ActiveRecord: 14.3ms)
F, [2022-10-08T10:55:15.857302 #30742] FATAL -- : [2fc0e6b5-20af-40d5-↵
9b9b-7deb36c8b042]
F, [2022-10-08T10:55:15.857337 #30742] FATAL -- : [2fc0e6b5-20af-40d5-↵
9b9b-7deb36c8b042] SocketError (getaddrinfo: Name or service not known):
F, [2022-10-08T10:55:15.857359 #30742] FATAL -- : [2fc0e6b5-20af-40d5-↵
9b9b-7deb36c8b042]
F, [2022-10-08T10:55:15.857383 #30742] FATAL -- : [2fc0e6b5-20af-40d5-↵
9b9b-7deb36c8b042] app/models/user.rb:60:in `send_activation_email'
[2fc0e6b5-20af-40d5-9b9b-7deb36c8b042] app/controllers/↵
users_controller.rb:23:in `create'
```

第 14 章

サービスを監視しよう

　Webでサービス（アプリ）を公開しても、そのまま放置しておくことはできません。長く利用されるにつれて保存されるデータ量が増えていき、ディスク容量を圧迫するかもしれません。あるいは、急激な利用者の増加により、一時的にレスポンスがとても遅くなるかもしれません。機器の故障で突然サーバーがシャットダウンするかもしれません。

　このような状況を未然に防いだり、たとえ起こったとしても迅速に対応したりするためには、常日頃からサービスを監視する必要があります。

　この章では、AWSで構築したサービスを監視する方法について説明します。

14.1　監視とは？

　Webで公開するサービスは、Webサーバーやデータベースサーバーなどさまざまなリソースが組み合わさって動作しています。どれか1つでも正常に動作しなくなると、サービス全体が動かなくなる可能性があります。

　このような状況に陥らないようにするため、また万が一そのような状況が起きてしまった場合に迅速にサービスを復旧させるためには、サービスがどのような状態になっているかを把握しておくことが重要です。これを**監視**または**システム監視**と呼んでいます。

　監視を効率よく行うために、次のような概念があります。

- **集中管理**
- **アラーム**
- **継続的な情報収集**

　それぞれの概念について説明していきます。

14.1.1　集中管理

　Webサービスを構成するサービスは複数あり、それぞれ正常に動作しているかどうかを確認する機能が用意されています。しかし、それらの情報がばらばらになっていると、どこに問題があるのかを探し出す手間がとてもかかります。そのため、すべてのサービスの情報を一か所に集めて、集中して管理できるようにすることが重要です。

　必要な情報を一か所にまとめて見られるようにした場所を**ダッシュボード**と呼ぶことがあります（図14.1）。

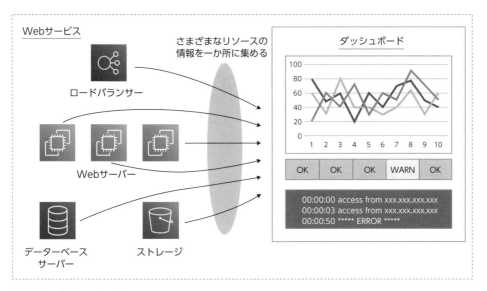

図14.1　ダッシュボード

 注意

> **ダッシュボード**とは、**さまざまな情報リソースから複数の情報を集約して表示する**機能のことです。
> AWSマネジメントコンソールにも「ダッシュボード」と呼ばれる画面がありますが、これは**AWSのサービスを操作するための画面**であり、ここで説明している**ダッシュボード**とは別の概念の機能です。混乱しないよう、気をつけてください。

14.1.2 アラーム

　前述した**ダッシュボード**は確かに見やすいですが、24時間365日ずっと**ダッシュボード**を見続けるわけにはいきません。たとえば、サーバーが故障を起こしたり、利用者が突然増えて反応が遅くなったりするなど、何か対応が必要なことが起こったときだけ、それを知らせてくれる仕組みが必要です。そのような機能は、一般的に**アラーム**（あるいは**アラート**）と呼ばれます。

　アラームは通常、サービスの運用者がなるべく早く変化に気づけるような仕組みを使って伝わるようにします（図14.2）。すぐに対応が必要な重要なアラームは、携帯のショートメールやSNSのチャットのような、ほぼリアルタイムに気がつく仕組みを使います。多

少タイムラグがあってもよいアラームは、メールなどが使われることもあります。

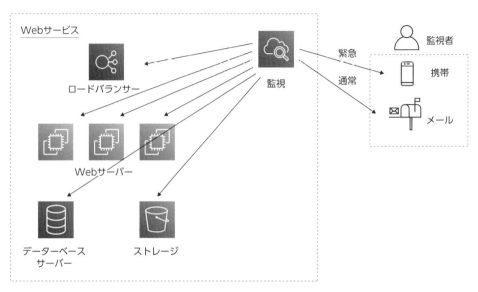

図14.2　アラーム

14.1.3 継続的な情報収集

　サービスに問題が発生した場合、問題の原因はその時点ではなく徐々に発生していたかもしれません。たとえば、問題が顕在化する3か月ほど前に利用者が想定以上に増えていて、その影響が3か月経って出た可能性もあります（図14.3）。もしリソースの状況が直前の情報しか記録されていないと、このような問題の原因にたどり着けなくなってしまいます。

　監視の仕組みでは数か月単位、あるいは数年単位で、継続的に情報を収集して保存しておき、いつでも参照できるようにしておくことが大切です。

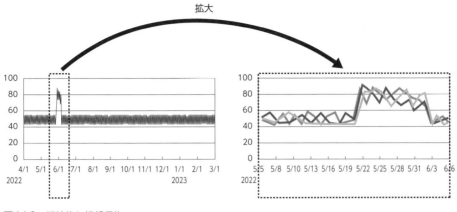

図14.3　継続的な情報収集

14.2　主な監視項目

　リソースを監視するといっても、具体的に何を監視すればよいのでしょうか？　その答えは、監視するサービスの重要性や監視対象のリソースによってさまざまです。ここでは、本書で作成したリソースについて、最低限これだけは監視しておいたほうがよい項目を説明していきます。

- 死活監視
- CPU使用率
- メモリー使用率
- ディスク容量
- ネットワークトラフィック

14.2.1　死活監視

　死活監視では、そのリソースが稼働しているかどうかを監視します（図14.4）。
　物理的な故障、オペレーティングシステムの暴走（異常動作）、ネットワーク的な切断など、さまざまな理由で特定のリソースがサービス内から使えなくなることがあります。もっとも早く発生を検知して、対応しなくてはいけない障害の1つです。

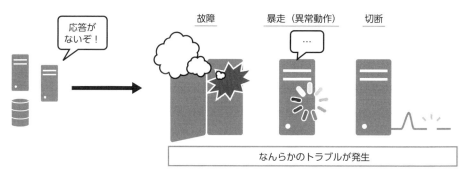

図14.4　死活監視

14.2.2 CPU使用率

CPU使用率では、リソースで過度の作業が行われていないかどうかを監視します（図14.5）。

Linuxなどサーバーとして使われるOSでは、複数の処理を同時に実行できる「マルチタスク」という機能が備わっています。しかしあまりにもたくさんの処理を同時にこなそうとすると、CPUがそれをさばききれなくなり、結果として実行を待つ処理が増えてきます。CPU使用率は0%から100%の間ですが、100%の状態が続くということは、実行を待つ処理が発生しているということです。

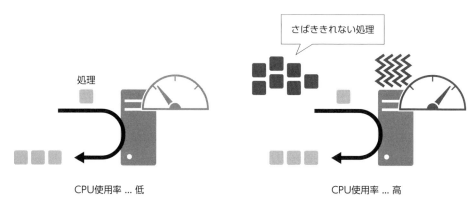

図14.5　CPU使用率

14.2.3 メモリー使用率

　メモリー使用率では、リソースに用意されているメモリーが大量に使われていないかどうかを確認します（図14.6）。

　メモリーは、リソースが処理を実行するときに使用する作業場所のようなものです。メモリーには限りがあるため、空きがなくなると処理は実行ができなくなり、結果として待たされることになります。

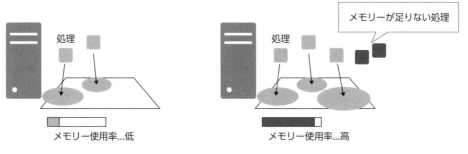

図14.6　メモリー使用率

14.2.4 ディスク容量

　ディスク容量では、リソースに接続されているディスクの空き容量が十分にあるかどうかを確認します（図14.7）。

　ディスクに保存される情報には、次の2つがあります。

- 大きく増加することのないもの：サービスを構築するプログラムや設定ファイルなど
- 時間がたつにつれて増加するもの：サービスに登録されるデータやログなど

　ディスク容量が足りなくなると、保存されるべき情報が保存されなくなり、サービスが異常終了したりする原因となります。

ディスク容量…使用量少　　　　　　　　ディスク容量…使用量多

図14.7　ディスク容量

14.2.5 ネットワークトラフィック

ネットワークトラフィックでは、ネットワークを経由してリソースに入ってきたり、リソースから出ていったりする通信量を確認します（図14.8）。

　一般的なWebサービスのようなサービスは、ネットワークを介してユーザーからリクエストを受けて結果を返します。リソースがネットワークを介してやり取りできるデータ量には上限があります。たくさんのユーザーが同時に利用したり、あるいは1人のユーザーが大量のデータをダウンロードしたりすると、他のユーザーはリソースと通信がしづらくなってしまいます。このため、ユーザーからすると「ネットワークが混雑しているのでサービスが使えない」といった状況になります。

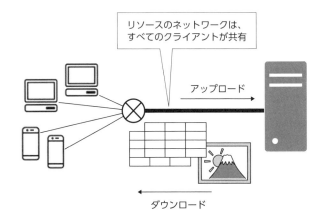

図14.8　ネットワークトラフィック

14.2.6 リソースごとの監視項目

これまでの章で説明してきたリソースについて、どの項目を監視するべきか、参考としてまとめたものが表14.1です。

表14.1 リソースごとの監視項目

凡例 ○：必須 ／ △：推奨 ／ －：任意

	死活監視	CPU使用率	メモリー使用率	ディスク容量	ネットワークトラフィック	その他
EC2	○	○	○	○	△	－
RDS	○	○	○	△	△	SQLのレイテンシーやスループットなど
ALB	－	－	－	－	○	－
S3	－	－	－	○	○	－

 EC2

インストールされているOSそのものの管理も行う必要があるため、OSやミドルウェアを原因としてサーバーダウンが発生する可能性があります。また、CPU、メモリー、ディスクなども有限なため、使いきってしまう可能性があります。ネットワークトラフィック以外は監視したほうがよいでしょう。

ネットワークトラフィックについては、通常EC2は直接インターネットに接続することがないため、それほど気にしなくてもよいことが多いです。

RDS

EC2とほぼ同様です。OSやミドルウェアはマネージドサービスなので安定して稼働するはずですが、実際にはセキュリティ対応などのため時々再起動が発生するので、死活監視は行ったほうがよいでしょう。そしてRDS固有の監視項目として、実行されたSQLのレイテンシー（実行にかかった時間）やスループット（一定時間あたりの処理量）などを追加します。

ALB

ALB（Application Load Balancer）はマネージドサービスのため、基本的に動作不能になるということはありません。しかし、通信量がコストに直接反映されるため、過度の通信が行われていないかネットワークトラフィックを監視する必要があるでしょう。

S3

S3もマネージドサービスのため、動作不能となることはほぼありません。しかしディスクの使用容量や通信量によりコストが発生するため、ディスク容量とネットワークトラフィックについては監視しておいたほうがよいでしょう。

NOTE

監視項目の選択

AWSにはさまざまなリソースがあり、それぞれにたくさんの監視項目があります。いったいどれだけの監視項目を用意すればよいのか、迷ってしまうことがあるかもしれません。用意するポイントの1つは、**監視で不備があったときに、その対応策が用意できるかどうか**です。対応策が用意できないものは監視しても意味がありません。

たとえば、EC2の死活監視を行うのは、サーバーが落ちたときに再起動を行う対応が必要だからです。また、Application Load Balancerのネットワークトラフィックが多すぎる場合には、通信量を減らすためのアプリの見直し対応が必要かもしれません。

たくさんの監視項目を用意して、きれいなグラフがいっぱい並ぶと、根拠のない充実感を得てしまうかもしれませんが、意味のない監視項目やそれらのアラームに悩まされないように選別することが重要です。

14.3 CloudWatch

監視するためのオープンソース／商用ツールは数多くあります。しかしこれらのツールを動作させるためには、専用のEC2インスタンスが必要になります。

AWSでは、AWS内部のリソースを監視するために**CloudWatch**（**Amazon Cloud Watch**）というサービスが提供されています。これはAWS専用の監視ツールです。

CloudWatchは、基本的な機能を無料で使うことができます。また、マネージドサービスとして動作しているため、CloudWatch自身を監視する必要はありません。

CloudWatchの主な機能には、表14.2のようなものがあります。

表14.2 CloudWatchの主な機能

機能	説明
収集	継続的な情報収集を行う。リソースに関係するログをリアルタイムに収集して記録する
モニタリング	集中管理の機能を提供する。集めた情報を見やすいグラフで表現したり、それらのグラフをまとめて一か所で閲覧したりできる
アクション	主にアラームの機能を提供する。アラームは、SNS、メール、APIコールなど、さまざまな方法で、利用者が即時に確認しやすいものに対して通知できる
分析	収集で集めたログをいろいろな切り口で分析する手段を提供する

14.4 リソースを監視する

それでは、CloudWatchを使って監視する方法について見ていきましょう。

14.4.1 監視の手順と機能

CloudWatchで監視するには、基本的に次の3つの手順を踏みます。

手順①：**ダッシュボード**の作成
手順②：**ダッシュボード**にウィジェットを追加
手順③：アラームの作成

ダッシュボード

「14.1.1　集中管理」で説明したように、監視するべきリソースの情報を一か所にまとめるための場所です（図14.9）。

ウィジェット

ダッシュボードに追加できる部品のようなものです。ウィジェットには、グラフを表示するもの、数値を表示するもの、固定のテキストを表示するものなど、いくつかの種類があります。リソースの情報は、主にグラフや数値を表示するウィジェットを使います。ウィジェットは**ダッシュボード**の上に大きさや位置などを、比較的自由にレイアウトできます（図14.9）。

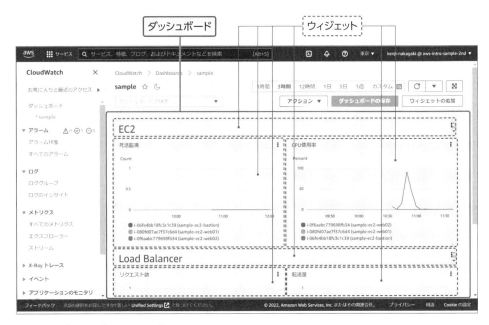

図14.9　ダッシュボードとウィジェット

アラーム

メトリクス、条件、通知の組み合わせを指定します（図14.10）。

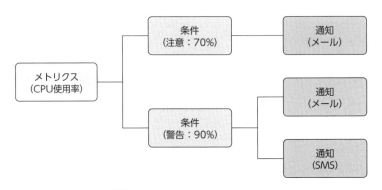

図14.10　アラームの構造

メトリクス

「14.1.3　継続的な情報収集」で説明した、収集する情報のことです。リソースごとにさまざまな情報を取得できます。

条件

　収集した情報の値を評価する際のもので、それを満たしたときに何かしらの反応を起こします。たとえば、「CPU使用率」というメトリクスに対して「90%以上の値が5分間続いたとき」というような条件を指定できます。

　1つのメトリクスに対して、複数の条件を指定できます。たとえば、「注意レベルはCPU使用率が70%、警告レベルはCPU使用率が90%」などというように使い分けることができます。

通知

　メトリクスの数値が条件を満たしたときに起こす反応です。たとえば、メールを送信したり、SMSにメッセージを送ったり、チャットシステムのAPIを呼び出したりすることができます。

　1つの条件に対して、複数の通知を指定できます。たとえば、「警告レベルの条件を満たしたときは、通常のメールに加えて、SMSでもメッセージを送り、すぐに対応できるようにする」などの通知を指定できます。

14.4.2　①ダッシュボードの作成

　それでは、実際に監視してみましょう。最初に、空の**ダッシュボード**を作成します。

　AWSマネジメントコンソール画面の左上にある「サービス」メニューから、CloudWatchのダッシュボードを開き、[ダッシュボードの作成] ボタンをクリックします（図14.11）。

図14.11　ダッシュボードの作成開始

347

すると、**ダッシュボード**の名前を入力するダイアログが表示されます（図14.12）。**ダッシュボード**の名前は後で自由に変更できます。ここでは「sample」という名前を入力します。

入力が終わったら、［ダッシュボードの作成］ボタンをクリックします。

図14.12　ダッシュボードの名前を入力

空の**ダッシュボード**が作成され、続けてウィジェットを追加するためのダイアログが表示されます（図14.13）。このダイアログでウィジェットを追加できますが、ここではいったん右上の［×］ボタンでキャンセルして空の**ダッシュボード**を確認しましょう。

図14.13　ウィジェットを追加

作成された空の**ダッシュボード**が表示されます（図14.14）。

図14.14　作成された空のダッシュボード

14.4.3　②ウィジェットの作成

　次にウィジェットを作成します。CloudWatchのダッシュボードから、作成した**ダッシュボード**（ここでは「sample」）を選択します。空の**ダッシュボード**が開くので、画面上部の［ウィジェットの追加］ボタンをクリックします（図14.15）。

図14.15　ウィジェットの作成開始

テキスト（ラベル）の表示

　次に、追加するウィジェットを選択します（図14.16）。まずは一番シンプルな「テキスト」を追加しましょう。テキストのウィジェットは、リソースの情報ではなく、**ダッシュボード**を見やすくするラベル（見出し）を表示するための機能です。

図14.16　追加するウィジェットの選択

　テキストのウィジェットは、マークダウン記法で記述できるので、見出しを作ったり画像を挿入したりすることもできます（図14.17）。ここでは、次に追加するウィジェットの見出しとして「# EC2」と入力しましょう。

　入力したら［ウィジェットの作成］ボタンをクリックします。

　これで**ダッシュボード**上にテキストウィジェットが作成されました（図14.18）。

図14.17　見出しの入力

図14.18　作成されたテキストウィジェット

EC2のCPU使用率を表示

次に、EC2のCPU使用率を確認するウィジェットを作成しましょう。もう一度［ウィジェットの追加］ボタンをクリックします。先ほどと同じく、追加するウィジェットを選択するダイアログ（図14.16）が表示されるので、今回は「線」を選択します。

続いて、ウィジェットをどのデータソースから選択するかを指定するダイアログ（図14.19）が表示されます。今回は「メトリクス」を選択します。

図14.19　追加するウィジェットのデータソースの指定

ウィジェットのタイトルを追加

「メトリクスグラフの追加」画面が表示されるので、まずはウィジェットのタイトルを設定しましょう。画面上部にある「タイトルなしのグラフ」の右側にある編集マークをクリックします（図14.20）。

図14.20　ウィジェットのタイトルの追加（編集マークをクリック）

　タイトルが入力できる状態になるので、「CPU使用率」と入力しましょう（図14.21）。これでウィジェットのタイトルが設定できます。

図14.21　メトリクスの追加（タイトルを入力）

メトリクスを追加

　次にメトリクスを選択します（図14.22）。まず、画面の下部から「EC2」→「インスタンス別メトリクス」を選択します。そして、CPU使用率を監視したいインスタンスの「CPUUtilization」を見つけ出し、チェック欄にチェックを入れます。

　ここで、1つのウィジェットに対して複数のメトリクス（グラフ）を選択できることに注意してください。Webサーバーがいくつもあるときに、一つ一つウィジェットとメトリクスを作るよりは、1つのウィジェットの中に複数のWebサーバーのメトリクスをまとめて作るほうが見やすいでしょう。

図14.22　メトリクスの追加

グラフのオプションを設定

　次にグラフの「オプション」タブを選択して、グラフのオプションを設定します（図14.23）。このタブには、グラフの見た目をカスタマイズするためのさまざまな設定項目が用意されています。

図14.23　グラフのオプション

　ここでは、グラフのY軸の設定を変更します。CPU使用率は理論的には0%から100%の値をとりますが、初期値では取得した情報の最小値と最大値がY軸の範囲として使われます。しかしこれでは、平時は低い値であることがわかりにくいので、Y軸の最小値を「0」、最大値を「100」に固定します。

　ウィジェットの設定をすべて終えたら、［ウィジェットの作成］ボタンをクリックします。

　これで折れ線グラフを用いてWebサーバーのCPU使用率を確認するウィジェットが作成されます（図14.24）。

図14.24　作成されたウィジェット

ウィジェットの調整

　このままだと見づらいので、ウィジェットの大きさや配置場所を修正します。ウィジェットは右下をマウスでドラッグすることで、大きさを変えることができます。また、ウィジェットそのものをドラッグすることで、位置を修正できます。ウィジェットの大きさを修正し、見やすく並び替えたものが図14.25です。

図14.25　大きさと位置を調整

14.4.4　③アラームの作成

最後にアラームを作成します。CloudWatchのダッシュボードから、「アラーム状態」の画面を開き、[アラームの作成]ボタンをクリックします（図14.26）。

図14.26　アラームの作成開始

　以降でメトリクスと条件を設定していきます。［メトリクスの選択］ボタンをクリックしてください（図14.27）。

図14.27　メトリクスの条件と指定

メトリクスの選択

　まずはメトリクスを追加します。メトリクスを実際にグラフとして表示することはないので、タイトルやグラフの設定などは不要です（図14.28）。ウィジェットを選択したら［メトリクスの選択］ボタンをクリックします。

図14.28　メトリクスの選択

条件の追加

次に条件を追加します（図14.29）。

「しきい値の種類」では、「静的」か「異常検出」かを指定します。静的の場合は、特定の値を上回ったか、あるいは下回ったかを指定できます。異常検出の場合は、特定の範囲内か範囲外かを指定できます。

CPU使用率は、ある値を上回ったか、あるいは下回ったかを確認するべきものなので「静的」を選択します。

アラームは、正常から異常になった場合と、異常から正常に戻った場合のセットで作成すると、正常に戻ったときに自動でアラームの状態が正常に戻るので便利です。本書では、「CPU使用率が70%を上回った時に異常とみなす」という条件のアラームの作成手順を示します。「CPU使用率が50%を下回ったときに正常とみなす」という条件のアラームは、この作成手順を参考に新たに作成してください。

必要な分だけ条件を作成したら、［次へ］ボタンをクリックします。

図14.29　条件の追加

通知の作成

　次に通知を作成していきます（図14.30）。

　「アラーム状態トリガー」では、アラームの状態を設定します。基本的には、正常から異常になった「アラーム（警告）」状態、そして異常から正常に戻った「OK」状態を使います。さらに、そもそも情報が取れなくなったときのために「データ不足」状態が用意されています。その場合は、「アラーム状態」を選択します。本書では、アラームとOKの2つを用意します。

　「次のSNSトピックに通知を送信」では、通知に使うSNSを指定します。SNSは、情報を通知するためにAWSで用意されているサービスです。あらかじめ作っておくこともできますが、「新しいトピックの作成」を選択してアラームを作成する手順の中で一緒に作成することもできます。ここでは、メールでアラームを受け取るSNSを作成するため、「新しいトピックの作成」を選択します。「通知を受け取るEメールエンドポイント」にメールを受け取るメールアドレスを指定し、[トピックの作成]ボタンをクリックすることで作成できます。

　2つ以上の通知を設定するには、[通知の追加]ボタンをクリックします。アラームとOKの通知を作成したら、[次へ]ボタンをクリックします。

図14.30　通知の作成

名前と説明を追加

続いて、アラーム本体の名前と説明を入力します（図14.31）。入力できたら［次へ］ボタンをクリックします。

図14.31　名前と説明を追加

プレビューと作成

最後に、作成するアラームの情報を確認します。問題なければ［アラームの作成］ボタンをクリックします（図14.32）。

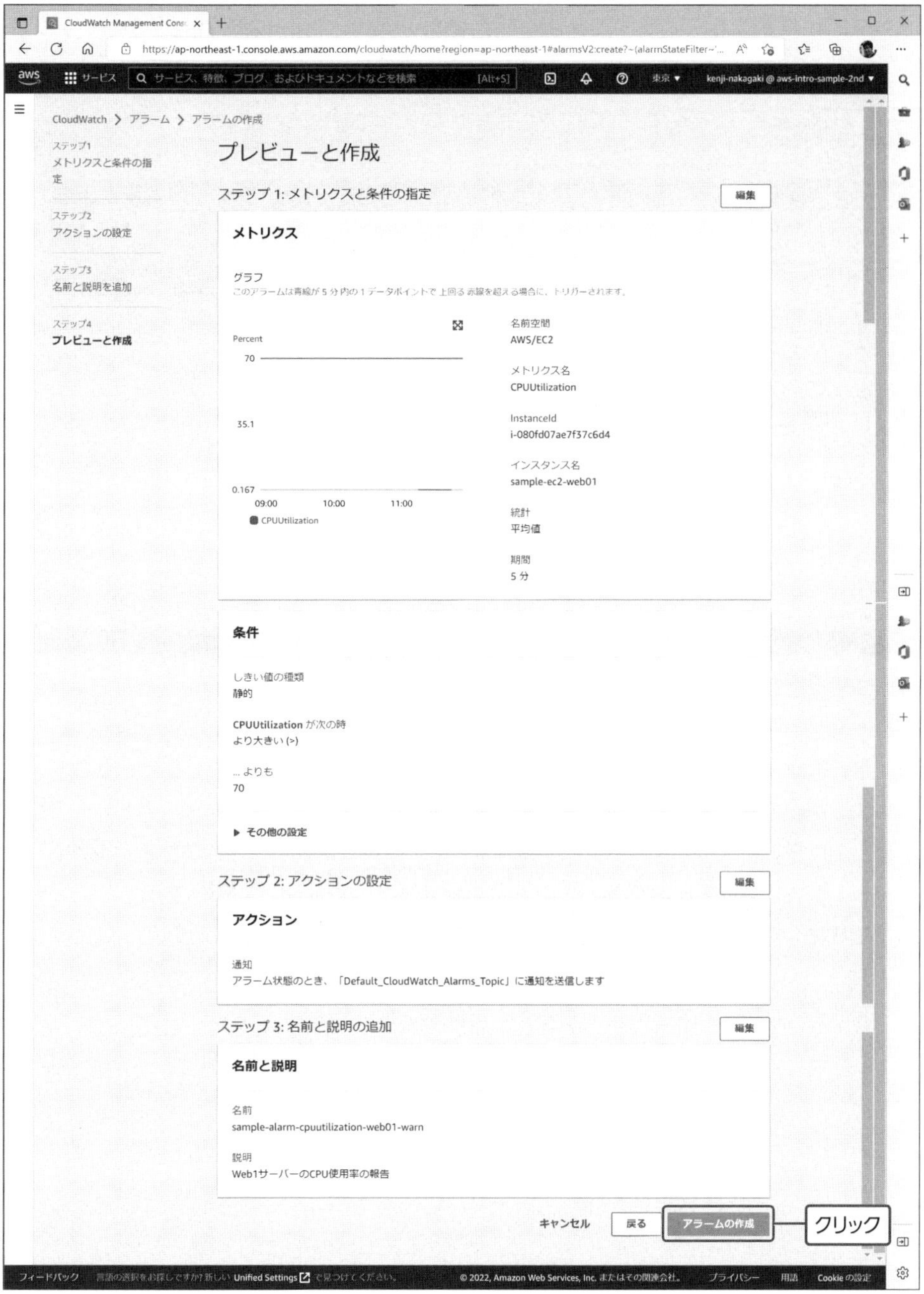

図14.32　プレビューと作成

　これでアラームが作成されます（図14.33）。左側のメニューには、条件を満たしたアラームの数が状態ごと（アラーム、正常、データ不足）に表示されています。

図14.33　作成されたアラーム

　なお、画面上部に「一部サブスクリプションが確認待ちの状態です」と表示されていますが、これはアラームを作る手順の途中で作成したSNSで使われるメールアドレスの確認が済んでいないということを表しています。SNSを作成した時点で、このメールアドレスに対してAWSからメールアドレスの確認を促すメールが届いているはずです。内容を確認してリンクをクリックすると、サブスクリプションの確認が完了します。

　これでAWSリソースを監視できるようになりました。

第 **15** 章

月々の料金を
確認してみよう

　AWSでは、利用した分だけ料金（使用料）を払う仕組みになっています。AWSを使いはじめるにあたっては、どのくらいの料金がかかるのか、見積もる必要があります。そして実際にAWSの利用をはじめたら、見積もり金額通りの料金で済みそうかどうかを日々チェックしたり、あるいは使用料金を減らすために料金の内訳などを確認したりする必要性が出てきます。

　AWSでは、このような料金に関係する機能が用意されています。本章では、この機能について見ていきましょう。

15.1 料金の考え方

　料金に対する考え方は、プロジェクトや開発会社によって異なります。本書では、AWSで用意されている機能をもとに、次の考え方に基づき料金を考えることにします。

　まずサービス稼働前には、**見積もり**を通じて料金を考えます。見積もりとは、おおよそどのぐらいの料金がかかるのか、その概算値を計算するものです。

　次にサービス稼働中には、**PDCA**を通じて料金を考えます（図15.1）。PDCAとは、Plan（計画）－Do（実行）－Check（評価）－Act（改善）の四段階で継続的に改善を行う考え方です。もう少し具体的に言うと、料金の単位となる月初めに今月の予算を計画します。そして期間中はリソースの料金が発生します。月末が近づいたら実際にかかった料金を評価して、使いすぎているところがないか改善を行います。

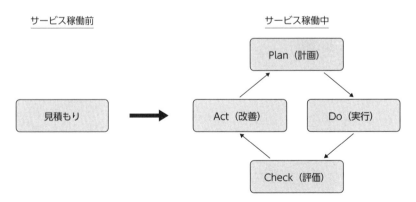

図15.1　本書での料金の考え方

15.1.1 サービス稼働前の見積もり

　AWSに限らず、何かしらお金のかかることをするときには、どのぐらいお金がかかるのか見積もりを作る必要があります。見積もりでは、細部まで正確である必要はなく、おおざっぱにどのくらいの金額がかかるのかを計算する必要があります。

　AWSサービスでコストがかかるのは、次のようなものです。

- **CPUやメモリの使用**：インスタンスやロードバランサーなど
- **ストレージの使用**：ディスクやS3など
- **ネットワークの使用**：ゲートウェイやロードバランサーなど
- **その他**：ElasticIPやDNSなど

　これらには、それぞれ単価が設定されています。1か月にどれくらいの時間や量が使われるのかを検討します。

> **📝 NOTE**
>
> **現実での見積もり**
>
> 現実に仕事で見積もりなどを行うときは、どれくらいの時間や量を使うのかという予測が難しいことが多いです。特に一般のユーザーに向けたサービスを提供する場合、そのサービスが話題になると桁違いに使用時間や使用量が増えることがあります。
> クラウドの良いところは、必要になったときにすぐにリソースを増やしたり減らしたりできることです。リリース時は小さな規模でリリースして徐々に増やしていくという方針も、1つの方法でしょう。逆にリリース時は最大級の規模で構成しておき、実際の利用状況を見ながら少なくしていくという方法をとることもあります。

15.1.2 サービス稼働中のPDCA

　サービスが稼働したら、月単位で料金を管理します。これは一般的に会社などでは月単位で売り上げや利益を管理するためです。

　月初めには、今月どのくらい料金がかかるか**計画**（Plan）を立てます（図15.2）。これは一般的に**予算**と言われます。予算の立て方は、基本的には見積もりのときと同じです。あらかじめ必要となるリソースを洗い出し、それらの使用料に単価をかけたものを合計します。

　予算を立てたら、サービスを**実行**（Do）します。実行中は毎日使用料の実績を監視して、予算と実績が大きくずれることがないよう、見守ります。

　月の終わりに近づいたら、使用料の**評価**（Check）を行います。具体的には、予算を立てたときには見通すことのできなかった余剰や不足がないかどうかを確認します。

　最後に、余剰や不足についてどう対応するか**改善**（Act）を行います。これは予算だけではなく、第14章で取得した監視情報も利用します。たとえば、EC2インスタンスのCPU使用率が常に低い場合には、EC2インスタンスを減らしたり、RDSインスタンスのスペックを下げたりといった対応を行います。

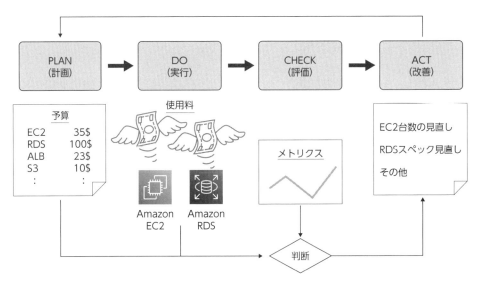

図15.2　PDCAサイクル

15.2　Billing and Cost Management

　ここまで説明してきた見積もりや予算に関連する機能は、AWSでは**Billing and Cost Management**というサービスとして用意されています。表15.1に、Billing and Cost Managementで提供される料金とAWSの機能の対応を示します。

表15.1 Billing and Cost Management

料金	機能
見積もり	AWS料金見積もりツール
予算	予算
月途中の料金	コストエクスプローラー アラート
判断	請求 CloudWatch（第14章で説明）
改善	（特になし）

それでは、実際にこれらの機能について見ていきましょう。

15.2.1 AWS料金見積もりツール

AWS料金見積もりツールは、AWSが提供している見積もりを行うためのツールです。このツールを使う際には、AWSのアカウントの作成やログインは不要です。次のURLを開くとツールが起動するため、誰でも無料で利用できます。

WEB https://calculator.aws/#/

ツールが起動したら［見積もりの作成］ボタンをクリックします（図15.3）

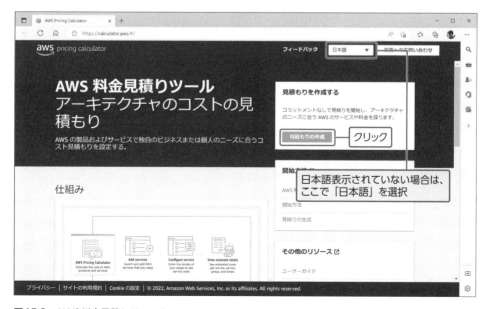

図15.3 AWS料金見積もりツール

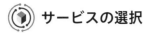 **サービスの選択**

　次に、料金が発生するサービスの情報を追加していきます（図15.4）。この追加作業は、サービスの数だけ繰り返し行います。

　まずは追加するサービスを探します。画面を下にスクロールして探してもよいですが、サービスが複数あって大変なため、サービスの名前を入れて絞り込みを行うことをおすすめします。追加するサービスを見つけたら［設定］ボタンをクリックします。

図15.4　サービスの選択

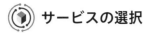 **サービスの設定**

　次に、追加するサービスの詳細情報を指定していきます。この詳細情報は、追加するサービスごとに異なります。たとえば、EC2であればスペックに関するもの、VPC関係であれば通信量に関するものなどです。詳しくは次の節で説明します。

　必要な詳細情報を選択／入力したら、［更新］ボタンをクリックします（図15.5）。

図15.5 サービスの設定

　これで追加したサービスの料金が合計金額に加算されます（図15.6）。他にも追加した
いサービスの［設定］ボタンをクリックして、必要なサービスを追加していきます。すべ
てのサービスの追加が終わったら、［概要を表示］ボタンをクリックしてください。

図15.6 サービスの追加の終了

　これで見積もりが完成しました（図15.7）。

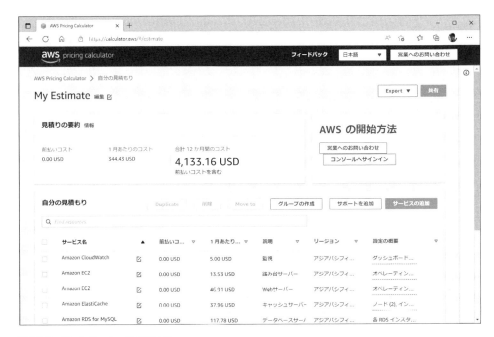

図15.7　My Estimate（見積もり）

　このようにして作成した見積もりは、図15.7の［共有］ボタンをクリックすると、AWS内のサーバーに保存されます。そして保存された見積もりを共有するURLが発行されるので、そのURLを伝えることでだれでも閲覧することができます。また、「Export▼」を開くと、見積もりの情報をCSVなどにエクスポートする機能も用意されています。これを使うと、Excelや社内のシステムなどに数値を取り込むこともできます。

15.2.2　見積もり例

　ここでは、本書で紹介した一連のインフラに関する見積もり例を示します（表15.2）。ユーザー数は1万人ほどを想定しており、リージョンは東京としています。

見積もり例

`WEB` https://calculator.aws/#/estimate?id=60c92af305c3608a074de62cba6290e6ab4bd120

表15.2 見積もりの例

サービス	詳細	月額	備考
NATゲートウェイ	×2	$96.72	
EC2インスタンス	t3a.micro×1	$13.53	踏み台サーバー
	t3a.small×2	$46.91	Webサーバー
ALB（Application Load Balancer）	×1	$23.58	
RDS	db.t3.small×2	$117.78	マルチAZなので2台分の料金
S3	100GB/月	$2.45	
Route53	ホストゾーン×1	$0.50	
ElastiCache	cache.t3.micro×1	$37.96	
CloudWatch		$5.00	
合計		$344.43	

　だいたいひと月あたり$344、日本円にして50,000円となりました。消費税は含まれていません。

　通常AWSには無料枠がありますが、見積もりでは無料枠は考慮されていません。これくらいの規模のサービスだと、無料枠の割合はそれなりの量を占めるのでもう少し安くなるかもしれません。

　また小規模なため、NATゲートウェイのようなサービスの規模によらずに必要なリソースの割合が多くなっています（図15.8）。基本的には、EC2やRDSのようなサービスの本質的な役割を担うリソースの比率が高いほうがよいので、数を減らしてもよいかもしれません。

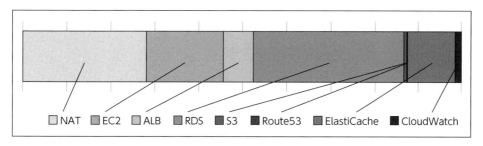

図15.8 見積もりにおけるリソースの比率

　このように、料金見積もりツールを使って料金の可視化を行うと、さまざまな検討を行いやすくなります。

15.3　予算を作成する

　サービス（アプリ）をリリースしたら、PDCAを回します。まずはPlan（計画）にあたる予算の作成を行います。AWSの予算は、単純に予算額を決めるだけではありません。予算に対して予測や実績が上振れしそうなときに、アラートを発生させることもできます。急激なユーザーの増加や不正利用などで急激に料金が上がってしまうかもしれない可能性を、迅速に把握できます。

> **！注意**
>
> 予算の作成は、今回作成したIAMユーザーでは権限が足りず実行できません。本節の手順（予算の作成）は、**ルートユーザー**でサインインしてから実行してください。
>
> なお、セキュリティ上のことを考慮すると本来はルートユーザーではなく専用のIAMユーザーを作成して予算やコストに関連する作業を行うべきです。実際、第3章の「3.1.3 ルートユーザー」で紹介したルートユーザーが行うべき作業一覧の1つとして「予算やコストに関するコンソールを開く権限をIAMユーザーに与える」というものがあります。ただしやや難解ですので、本書では取り上げません。詳細は下記のドキュメントをお読みください。
>
> 「**Activating access to the AWS Billing console**」
> WEB https://docs.aws.amazon.com/awsaccountbilling/latest/aboutv2/control-access-billing.html#ControllingAccessWebsite-Activate

15.3.1　予算の作成手順

　予算のダッシュボードは「AWS Budgets」という名前です。AWSマネジメントコンソール画面の左上にある「サービス」メニューから、AWS Budgetsのダッシュボードを開きます。そこから「Budgets」の画面を開き、[予算の作成] ボタンをクリックします（図15.9）。

図15.9 予算の作成開始

予算タイプの選択

次に、作成する予算の種類を選択します。まず予算の設定方法を選択します。2つの設定方法から選択できますが、ここでは設定項目の少ない「テンプレートを使用（シンプル）」を選択します。

次にテンプレートを選択します。テンプレートの種類は次のようなものがあります。

- **ゼロ支出予算**：AWS無料枠に関する予算
- **月次コスト予算**：金額ベースの予算
- **日次のSaving Plansのカバレッジ予算**：削減計画に関する予算

この予算の中で、一番お金に直結するのは月次コスト予算です。以降では、月次コスト予算の作成方法について説明していきます。「テンプレートを使用（シンプル）」を選択してから「月次コスト予算」を選択します（図15.10）。すると画面の下の方に、月次コストに関する予算のテンプレートが表示されます。

図15.10　予算タイプの選択

予算を設定

次に予算の詳細を設定していきます（図15.11）。表15.3の項目があります。

表15.3　予算の詳細の設定項目

項目	内容
予算名	予算につける名前。複数の予算を作ったときに、わかりやすくするためのもの
予算額	指定した間隔での上限金額を設定。常に一定の額にする方法（固定）と、月ごとに金額を変える方法（毎月の予算計画）が用意されている
Eメールの受信者	予算を超えそうになったときに通知を送る先

予算額については、サービスで使用するすべてのリソースの合算値を入力します。

予算の詳細を設定したら、画面を一番下までスクロールして［予算を作成］ボタンをクリックします。

図15.11　予算を設定

これで予算の作成が完了しました（図15.12）。

図15.12　予算の作成完了

375

　このテンプレートでは、予算とアラートが同時に作成されます。

　予算は予算額のことで、ここでは300$/月という値です。

　アラートは、300$を超えそうか、あるいは超えたときに通知する機能です。次の三つのアラートが作成されます。

- 実際のコストが予算の85%を超えたとき
- 予想されるコストが予算の100%を超えたとき
- 実際のコストが予算の100%を超えたとき

　これらの設定は、メニューの[Budgets]から今作成した「月額予算」を選択すると確認することができます（図15.13）

図15.13　月額予算の確認

15.4　日々の料金を確認する

リソースを作成すると、日々、あるいは時間単位で料金が発生します。どれくらいのリソースがDo（実行）されたかを確認するには、**Cost Explorer（AWS Cost Explorer）**を利用します。Cost Explorerは、AWSコスト管理の機能の1つです。

15.4.1　Cost Explorerの利用

AWSマネジメントコンソール画面の左上にある「サービス」メニューから、AWS Budgets（AWSコスト管理）のダッシュボードを開きます（「billing」というキーワードで検索できます）。

左ペインのメニューから「Cost Explorer」をクリックしてください（図15.14）。するとコストエクスプローラーを開く画面が表示されます。

［Cost Explorerを起動］ボタンをクリックすると、デフォルトの設定のCost Explorerが起動します。

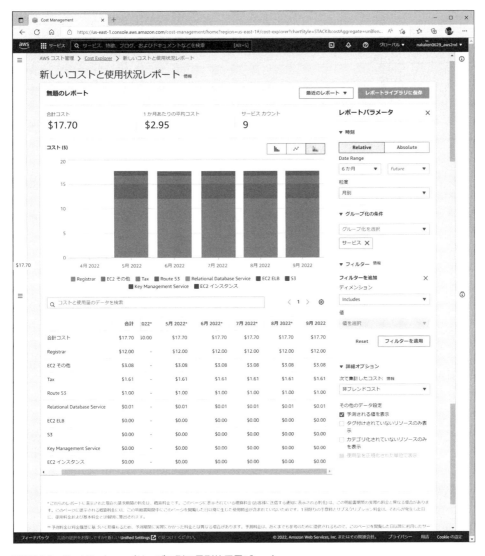

図15.14　Cost Explorer（サービス別の月別使用量ビュー）

　このレポートは見方をいろいろ変えることができます。たとえば、図15.14のグラフだ
と総額はわかりやすいですが、一番コストのかかっているリソースでどれくらいかかって
いるのかがわかりにくくなっています。

　一番コストのかかっているリソースがわかりやすくなるよう、すべてのリソースの料金
を並べてみましょう。グラフ右上のボタンでグラフの種類を「リソースごとの棒グラフ」
に変更してみます。するとグラフが変わり、月ごとの各サービスの料金が確認できるよう
になりました（図15.15）。

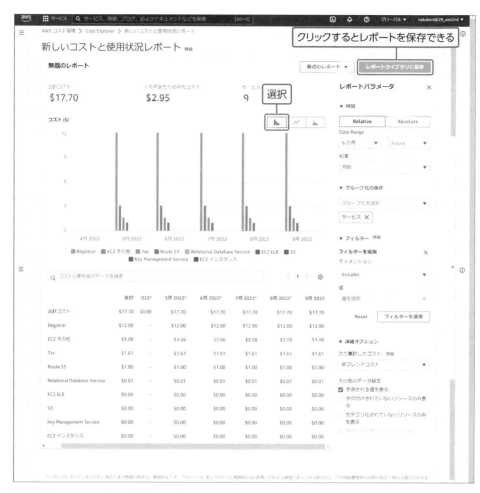

図15.15　リソースごとの棒グラフに変更

　他にも、EC2だけなどというように特定のリソースに絞り込んだ料金にしたり、本番環境と開発環境ごとに分割した料金にしたり、さまざまな視点でグラフを作成できます。たとえば、EC2に関するリソース——EC2インスタンス、ロードバランサー、EC2に関連するその他のリソース（Elastic IPなど）に限定してみましょう。

　画面右側の[新しいフィルターを追加]というボタンをクリックすると、フィルターを選択する項目が表示されます。まずはディメンションで、どの切り口でフィルタリングを行うかを指定します。ここでは「サービス」を選択します。

　次にオペレーターを選択します。オペレーターでは選んだものを「Includes（含ませる）」のか「Excludes（除外する）」のかを選べます。今回は「Includes」を選択します。最後に値を選択します。複数の選択肢を選ぶことができます。ここでは「EC2」という

キーワードが含まれるものをすべて選択します（図15.16）。すべて選択できたら［フィルターを適用］ボタンをクリックします。

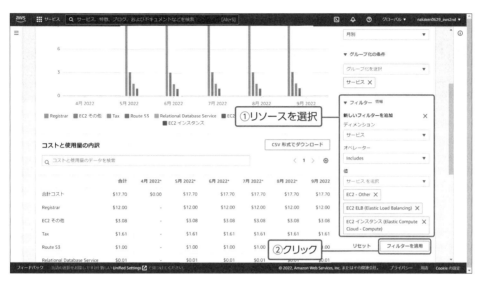

図15.16　フィルターの選択

これでEC2に関連するコストだけにフィルターされたレポートができあがりました（図15.17）。

図15.17　フィルターが適用されたレポート

　このようにして見やすいグラフが完成したら、それをレポートとして保存できます。画面上部の［レポートライブラリに保存］ボタンをクリックすると、このレポートが保存され、保存済みレポートの中に表示されるようになります。

15.5　請求書を確認する

　AWSからはひと月ごとに、かかった料金の請求書が送られてきます。請求書を見てコストのCheck（検証）を行います。請求書は、アカウントに登録されているメールアドレスにPDF形式で送られてきます。それ以外にもAWSマネジメントコンソールから確認することも可能です。

　AWS Budgets（AWSコスト管理）のダッシュボードのメニューから［請求書］をクリックすると、請求書が表示されます（図15.18）。請求書では、リソースごとの明細も確認できます。また、過去の請求書も確認することができます。

図15.18　請求書の確認

　これで月々の料金を確認できるようになりました。

15.6  予算の改善

　請求書で確認できた金額、第14章で紹介したメトリクス、それらの情報をもとにリソースの増減を検討して再見積もりを行い、次の月の予算に反映します。そして、請求額が予算よりも増えてしまった場合は、どのサービスの予算が超過してしまったのかをまず確認します。

　たとえば、オンラインショッピングサイトを運営していると仮定してみましょう。差額がセールなどによる今月限りの一時的なものであれば、予算は変更する必要はありません。しかし、ユーザー数の増加などによる次月度以降も増加が見込まれる場合には、Webサーバーやデータベースサーバーの増強、増設を踏まえた予算に変更する必要があるでしょう。

　これで予算に関するPDCAサイクルを回すことができます。

最後に

　これで、本書で扱っている「AWSによるインフラ構築」の説明がすべて終わりました。ここまで読みすすめることができたならば、AWSのインフラ構築に関して、基本的な知識は身につけられたと言ってよいでしょう。ぜひ、みなさんのアプリ開発でAWSを使ってみてください。

　本書では、ビジネス／エンタープライズアプリのインフラ構築をテーマとしたため、それ以外のアーキテクチャで使われているサービス（AWS LambdaやAmazon DynamoDBなど）については取り上げませんでした。ぜひこれらのサービスの利用についてもチャレンジしてみてください。そのときには、まずインフラの全体像を思い浮かべて、どのようなサービスが当てはまるのかを考えていくとよいでしょう。AWSのドキュメントにあるソリューションやアーキテクチャのベストプラクティスなどが参考になるはずです。

▼AWSソリューションライブラリ
　WEB https://aws.amazon.com/jp/solutions/

付録

設定項目一覧

カテゴリ	サブカテゴリ	対象	項目	値
IAM	グループ	開発者用	グループ名	Developers
			ポリシーのアタッチ	PowerUserAccess
				IAMFullAccess
			所属するユーザー	作業者1（、作業者2…）
	ユーザー	作業者1	ユーザー名	作業者の名前（例：kenji-nakagaki）
			アクセスの種類	AWSマネジメントコンソールへのアクセス
	ロール	Webサーバー用	信頼されたエンティティ	AWSサービス / EC2
			許可ポリシー	AmazonS3FullAccess
			ロール名	sample-role-web
VPC	VPC	VPC	名前タグ	sample-vpc
			IPv4 CIDR ブロック	10.0.0.0/16
			IPV6 CIDR ブロック	IPv6 CIDR ブロックなし
			テナンシー	デフォルト
	サブネット	パブリックサブネット1	名前タグ	sample-subnet-public01
			VPC	sample-vpc
			アベイラビリティーゾーン	ap-northeast 1a
			IPv4 CIDR ブロック	10.0.0.0/20
		パブリックサブネット2	名前タグ	sample-subnet-public02
			VPC	sample-vpc
			アベイラビリティーゾーン	ap-northeast-1c
			IPv4 CIDR ブロック	10.0.16.0/20
		プライベートサブネット1	名前タグ	sample-subnet-private01
			VPC	sample-vpc
			アベイラビリティーゾーン	ap-northeast-1a
			IPv4 CIDR ブロック	10.0.64.0/20
		プライベートサブネット2	名前タグ	sample-subnet-private02
			VPC	sample-vpc
			アベイラビリティーゾーン	ap-northeast-1c
			IPv4 CIDR ブロック	10.0.80.0/20
	インターネットゲートウェイ	インターネットゲートウェイ	名前タグ	sample-igw
			VPC	sample-vpc

カテゴリ	サブカテゴリ	対象	項目	値
VPC	NATゲートウェイ	NATゲートウェイ1	Name	sample-ngw-01
			サブネット	sample-subnet-public01
			接続タイプ	パブリック
			Elastic IP割り当てID	"Elastic IPの割り当て"を使う
		NATゲートウェイ2	Name	sample-ngw-02
			サブネット	sample-subnet-public02
			接続タイプ	パブリック
			Elastic IP割り当てID	"Elastic IPの割り当て"を使う

	ルートテーブル	パブリックサブネット用（共通）	名前タグ	sample-rt-public

サブカテゴリ	対象	項目	名前
ルート	Local	送信先	10.0.0.0/16
		ターゲット	Local
	外部	送信先	0.0.0.0/0
		ターゲット	sample-igw
サブネット	パブリックサブネット	サブネットID	sample-subnet-public01
			sample-subnet-public02

		プライベートサブネット1用	名前タグ	sample-rt-private01

サブカテゴリ	対象	項目	名前
ルート	Local	送信先	10.0.0.0/16
		ターゲット	Local
	外部	送信先	0.0.0.0/0
		ターゲット	sample-ngw-01
サブネット	プライベートサブネット1	サブネットID	sample-subnet-private01

		プライベートサブネット2用	名前タグ	sample-rt-private02

サブカテゴリ	対象	項目	名前
ルート	Local	送信先	10.0.0.0/16
		ターゲット	Local
	外部	送信先	0.0.0.0/0
		ターゲット	sample-ngw-02
サブネット	プライベートサブネット2	サブネットID	sample-subnet-private02

	セキュリティグループ	踏み台サーバー用	セキュリティグループ名	sample-sg-bastion
			説明	for bastion server
			VPC	sample-vpc
			インバウンドルール	ssh用

項目	名前
タイプ	SSH
プロトコル	TCP
ポート範囲	22
ソース	0.0.0.0/0

次ページへ続く▶　387

カテゴリ	サブカテゴリ	対象	項目	値
VPC	セキュリティ グループ	ロードバラン サー用	セキュリティ グループ名	sample-sg-elb
			説明	for load balancer
			VPC	sample-vpc
			インバウンドルール	http用
				<table><tr><td>項目</td><td>名前</td></tr><tr><td>タイプ</td><td>HTTP</td></tr><tr><td>プロトコル</td><td>TCP</td></tr><tr><td>ポート範囲</td><td>80</td></tr><tr><td>ソース</td><td>0.0.0.0/0</td></tr></table>
				https用
				<table><tr><td>項目</td><td>名前</td></tr><tr><td>タイプ</td><td>HTTPS</td></tr><tr><td>プロトコル</td><td>TCP</td></tr><tr><td>ポート範囲</td><td>443</td></tr><tr><td>ソース</td><td>0.0.0.0/0</td></tr></table>
EC2	キーペア	個人用	名前	個人名（例：nakagaki）
			キーペアのタイプ	RSA
			ファイル形式	pem
	インスタンス	踏み台 サーバー	Amazonマシンイ メージ（AMI）	Amazon Linux 2 AMI (HVM), Kernel 5.10, SSD Volume Type
			インスタンスタイプ	t2.micro
			キーペア （ログイン）	EC2／キーペア／個人用で作成したキーペア
			VPC	sample-vpc
			サブネット	sample-subnet-public01
			パブリックIPの 自動割り当て	有効
			セキュリティ グループ	default
				sample-sg-bastion
		Web サーバー1	Amazonマシンイ メージ（AMI）	Amazon Linux 2 AMI (HVM), Kernel 5.10, SSD Volume Type
			インスタンスタイプ	t2.micro
			キーペア （ログイン）	EC2／キーペア／個人用で作成したキーペア
			VPC	sample-vpc
			サブネット	sample-subnet-private01
			パブリックIPの 自動割り当て	無効化
			セキュリティ グループ	default
			IAMロール	sample-role-web

カテゴリ	サブカテゴリ	対象	項目	値
EC2	インスタンス	Web サーバー2	Amazon マシンイメージ（AMI）	Amazon Linux 2 AMI (HVM), Kernel 5.10, SSD Volume Type
			インスタンスタイプ	t2.micro
			キーペア（ログイン）	EC2／キーペア／個人用で作成したキーペア
			VPC	sample-vpc
			サブネット	sample-subnet-private02
			パブリックIPの自動割り当て	無効化
			セキュリティグループ	default
			IAMロール	sample-role-web
	ロードバランサー	ロードバランサー	名前	sample-elb
			VPC	sample-vpc
			リスナー	http用
				項目／名前／プロトコル／HTTP／ポート番号／80
				https用
				項目／名前／プロトコル／HTTPS／ポート番号／443
			アベイラビリティーゾーン	sample-subnet-public01
				sample-subnet-public02
			証明書タイプ	ACMから証明書を選択する
			証明書の名前	aws-intro-sample-2nd.com
			セキュリティグループ	default
				sample-sg-elb
	ターゲットグループ	ターゲットグループ	ターゲットグループ	sample-tg
			ターゲット	sample-ec2-web01
				sample-ec2-web02
			ターゲットプロトコル	HTTP
			ターゲットポート番号	3000
RDS	パラメータグループ	パラメータグループ	パラメータグループファミリー	mysql8.0
			タイプ	DB Parameter Group
			グループ名	sample-db-pg
			説明	sample parameter group
	オプショングループ	オプショングループ	グループ名	sample-db-og
			説明	sample option group
			エンジン	mysql
			メジャーエンジンバージョン	8.0

次ページへ続く ▶

カテゴリ	サブカテゴリ	対象	項目	値
RDS	サブネットグループ	サブネットグループ	グループ名	sample-db-subnet
			説明	sample db subnet
			VPC	sample-vpc
			アベイラビリティーゾーン	ap-northeast-1a
				ap-northeast-1c
			サブネット	sample-subnet-private01
				sample-subnet-private02
	データベース	データベースサーバー	エンジンのタイプ	MySQL
			バージョン	8.0.28
			DBインスタンス識別子	sample-db
			マスターユーザー名	admin
			マスターパスワード	(任意の長い文字列)
			DBインスタンスクラス	db.t2.micro
			ストレージタイプ	汎用（SSD）
			ストレージ割り当て	20GiB
			マルチAZ配備	スタンバイインスタンスを作成しないでください
			Virtual Private Cloud	sample-vpc
			パブリックアクセス可能	なし
			セキュリティグループ	default
			データベース認証オプション	パスワード認証
			最初のデータベース名	(空欄)
		サブネットグループ	サブネットグループ	sample-db-subnet
		DBパラメータグループ	DBパラメータグループ	sample-db-pg
		オプショングループ	オプショングループ	sample-db-og
S3	S3バケット	アプリ用バケット	バケット名	重複しない値（例：aws-intro-sample-2nd-upload）
			リージョン	ap-northeast-1
			パブリックアクセス	すべてブロック
Route 53	ドメイン	アプリ用ドメイン	ドメイン名	重複しない値（例：aws-intro-sample-2nd）
			ドメインの登録車情報	登録者の住所や名前など
	パブリックDNS	踏み台サーバー	レコード名	bastion
			レコードタイプ	A
			値／トラフィックのルーティング先	踏み台サーバーのIPアドレス
		ロードバランサー	レコード名	www
			レコードタイプ	A
			値／トラフィックのルーティング先	ロードバランサー

カテゴリ	サブカテゴリ	対象	項目	値
Route 53	プライベートDNS	プライベート	ドメイン名	home
			VPC名	sample-vpc
			リソース	踏み台サーバー

項目	名前
名前	bastion
ルーティング先	踏み台サーバーのプライベートIP
レコードタイプ	A

Webサーバー1

項目	名前
名前	web01
ルーティング先	WebサーバーのプライベートIP
レコードタイプ	A

Webサーバー2

項目	名前
名前	web02
ルーティング先	WebサーバーのプライベートIP
レコードタイプ	A

DBサーバー

項目	名前
名前	db
ルーティング先	RDSのエンドポイント
レコードタイプ	CNAME

カテゴリ	サブカテゴリ	対象	項目	値
	SSLサーバー証明書	Webサイト用	証明書のタイプ	パブリック証明書のリクエスト
			ドメイン名	www.aws-intro-sample-2nd.com
			検証方法	DNSの検証
SES	ドメイン	ドメイン	ドメイン名	aws-intro-sample-2nd.com
	検証済みメールアドレス	検証済みメールアドレス	メールアドレス	普段使っているメールアドレス
	メール送信	SMTPによるメール送信	My SMTP Credentials	UI上のボタン操作で作成する
			IAM User Name	no-reply
	メール受信	Rule Sets	Rule Sets	UI上のボタン操作で作成する
		Recipients	Recipients	検証済みメールアドレス（サンドボックスを解除したときは不要）
ElastiCache	クラスター	クラスター	クラスターエンジン	Redis
			クラスターモード	有効
			名前	sample-elasticache
			説明	Sample Elasticache
			エンジンバージョンの互換性	（最新のもの）
			シャード数	2
			シャードあたりのレプリカ	2
			サブネットグループ	新規作成

リソースの削除方法

　ここでは、本書で作成したリソースのうち、料金がかかるリソースについて、削除の手順を簡単に説明します。

NATゲートウェイ

① VPCのダッシュボードを開く

② 画面左のメニューから「NATゲートウェイ」をクリックして、NATゲートウェイの一覧を開く

③ 削除をするNATゲートウェイを選択する

④「アクション ▼」メニューから、NATゲートウェイの削除を行う

EC2

① EC2のダッシュボードを開く

② 画面左のメニューから「インスタンス」をクリックして、インスタンスの一覧を開く

③ 削除をするEC2インスタンスを選択する

④「インスタンスの状態 ▼」メニューから、インスタンスを終了する

Elastic IP

① EC2のダッシュボードを開く

② 画面左のメニューから「Elastic IP」をクリックして、Elastic IPの一覧を開く

③ 削除をするElastic IPを選択する

④「アクション ▼」メニューから、Elastic IPアドレスの解放を行う

Application Load Balancer

① EC2のダッシュボードを開く

② 画面左のメニューから「ロードバランサー」をクリックして、ロードバランサーの一覧を開く

③ 削除をするロードバランサーを選択する

④「アクション ▼」メニューから、ロードバランサーの削除を行う

 **RDS**

① RDSのダッシュボードを開く

② 画面左のメニューから「データベース」をクリックして、データベースの一覧を開く

③ 削除をするデータベースを選択する

④「アクション ▼」メニューから、データベースの削除を行う

 ElastiCache

① ElastiCacheのダッシュボードを開く

② 画面左のメニューから「Redis」をクリックして、Redisの一覧を開く

③ 削除をするRedisを選択する

④「アクション ▼」メニューから、Redisの削除を行う

IaC（Infrastructure as Code）

　AWSで自動でのインフラ構築を実現する方法について簡単に説明します。

　本書では、AWSのリソースの作成を、AWSマネジメントコンソールを使って手動で行う方法について説明してきました。しかしこのような手作業には、いくつか問題があります。

- UIによる操作は煩雑で時間もかかる。また、操作ミスを犯す可能性がある
- インフラ設計書の内容通りに本番環境のインフラが設定されているかどうかが、実際に見てみないとわからない。緊急時の対応などによるインフラの変更が、インフラ設計書に反映されないケースが起こりえる

　このような問題を解決するために、**IaC（Infrastructure as Code）**という思想と、それを実現するための技術が登場しました（図A）。IaCでは、構築するべきインフラの状態を、テンプレートファイルとして用意します。そして、そのテンプレートファイルに書かれた内容を実行することで、さまざまなリソースが自動的にインフラに反映されます。

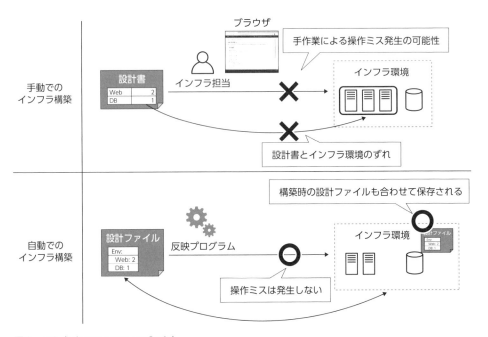

図A　IaC（Infrastructure as Code）

　テンプレートファイルに書かれた内容（すなわちインフラの設計書）が、プログラムにより自動でインフラに反映されるため、手作業による操作ミスは発生しません。そして、インフラを構築したときに使用したテンプレートファイルがセットで管理されるため、テンプレートファイルの中身を確認すれば実際のインフラ環境がどのようになっているかを確認できます。

　以上、IaCの概念の説明でした。

AWSでのIaC

　AWSでIaCを実現するために、次の2つが用意されています。

CloudFormation（AWS CloudFormation）

　付録の「設定項目一覧」のようなAWSのリソースに関する設定を、YAMLという形式に沿って作成されたテンプレートファイルとして用意しておくと、そのテンプレートファイルの内容に従ってAWSのリソースを作成あるいは変更してくれる、AWSのサービスです。

AWS CLI（AWSコマンドラインインターフェイス）

　AWSマネジメントコンソールで提供されているAWSサービスを操作する機能と同等の作業を、PowerShellやターミナルなどのコマンドラインインターフェイスからコマンドを通じて実行することのできるツールです。

　これらの2つを組み合わせると、開発PC上からCloudFormation用の設定テンプレートファイルをAWS CLIのコマンドを使って実行して、AWSリソースを自動で作成できます。

AWS CLIのインストール

　AWS CLIは、実行するOSごとにインストール方法が異なります。インストール方法はAWSのドキュメントに詳しく書かれています。

▼AWS CLI の最新バージョンをインストールまたは更新します。
　WEB https://docs.aws.amazon.com/ja_jp/cli/latest/userguide/getting-started-install.html

　ここでは上記ドキュメントから、WindowsにAWS CLIをインストールする方法を紹介します。

①上記ドキュメント内の「AWS CLI のインストール手順」にある「Windows」をクリックし、「AWS CLI をインストールまたは更新する」内にあるインストーラーのダウンロードURLへのリンクをクリックします。

②Windows用のAWS CLI MSIインストーラ（.msi）がダウンロードされたら実行すると、AWS CLIのインストールが完了します。次のコマンドを問題なく実行できれば、AWS CLIは正しくインストールされています。

実行結果　AWS CLIのインストール確認

```
PS C:¥Users¥nakak> aws --version
aws-cli/2.8.3 Python/3.9.11 Windows/10 exe/AMD64 prompt/off
```

③認証情報と作業するリージョンの設定を行います。設定の前に、IAMのダッシュボードで、作業するユーザーのAccess Keyを生成し、Access KeyとSecret Access Keyを入手してください。その後、以下のコマンドを実行します。

実行結果　AWS CLIの認証情報設定

```
PS C:¥Users¥nakak> aws configure
AWS Access Key ID [None]: （作業ユーザーのAccess Key）
AWS Secret Access Key [None]: （作業ユーザーのSecret Access Key）
Default region name [None]: ap-northeast-1
Default output format [None]: yaml
```

特にエラーらしきものが表示されなかったら、これでAWS CLIのインストールは終了です。

CloudFormationによるリソース作成の例

次に、CloudFormationを使ってリソースを作成してみましょう。ここでは、第4章の「4.2　VPC」で紹介したVPCをもう1つ作成してみます。

テンプレートファイルの作成

まず、開発用PCでCloudFormationのテンプレートファイル（mycf.yaml）を作成します（リストA）。①は、VPCのCIDRブロックを設定しています。②-1と②-2は、VPCにつける名前を設定しています。

リストA　テンプレートファイル`mycf.yaml`

```
AWSTemplateFormatVersion: '2010-09-09'
Resources:
  vpc2:
    Type: AWS::EC2::VPC
    Properties:
      CidrBlock: 10.1.0.0/16 ──────────────────── ①
      Tags:
        - Key: Name ──────────────────────────── ②-1
          Value: sample-vpc2 ──────────────────── ②-2
```

リソースの作成

　次にAWS CLIを使って、このテンプレートファイルをCloudFormationで実行して
AWS上にリソースを作成します。新しくインフラを作るときには、create-stackを使い
ます。このテンプレートファイルと同じフォルダで、次のコマンドを実行してください。

実行結果　CloudFormationの実行

```
PS C:¥Users¥nakak> aws cloudformation create-stack --stack-name cfstack ⏎
--template-body file://mycf.yaml
StackId: arn:aws:cloudformation:ap-northeast-1:372637396416:stack/cfstack/⏎
acbd5fc0-4534-11eb-ac0a-06e06928d272
```

　コマンドが正しく実行できていたら、AWSマネジメントコンソールでvpc2が作成さ
れていることを確認できます。

テンプレートファイルの修正

　次に、このVPCテンプレートファイルに、第10章で紹介したプライベートDNSを有
効にする修正を追加してみましょう。`mycf.yaml`に次のように修正を入れてください。

リストB　テンプレートファイルmycf.yaml（プライベートDNS用の設定追加）

```
AWSTemplateFormatVersion: '2010-09-09'
Resources:
  vpc2:
    Type: AWS::EC2::VPC
    Properties:
      CidrBlock: 10.1.0.0/1
      EnableDnsHostnames: 'true'          ← 追加
      EnableDnsSupport: 'true'            ← 追加
      Tags:
        - Key: Name
          Value: sample-vpc2
```

リソースの更新

　次にAWS CLIを使って、このテンプレートファイルをCloudFormationで実行して AWS上のリソースを更新します。一度作成したインフラを更新するときは、update-stackを使います。このテンプレートファイルと同じフォルダで次のコマンドを実行して ください。

実行結果　VPCの更新

```
PS C:¥Users¥nakak¥tmp> aws cloudformation update-stack --stack-name cfstack ⏎
--template-body file://mycf.yaml
StackId: arn:aws:cloudformation:ap-northeast-1:372637396416:stack/cfstack/⏎
814cb2d0-4536-11eb-8fb1-06aa9b7dfc56
```

　コマンドが正しく実行できていたら、AWSマネジメントコンソールでvpc2のDNSの 設定が有効になっていることを確認できます。

最新インフラのテンプレート

　mycf.yamlはテキストファイルなので、Gitのようなソース管理ツールでバージョン管 理ができます。また、現在のインフラを構築したときに利用したmycf.yamlはCloud Formationの中に保存されているので、どのような設定が行われているのかを確認できま す（図B）。

図B　最新インフラのテンプレート

　CloudFormation用のテンプレートファイルの文法については、AWSのドキュメントを参考にしてください。

▼テンプレートリファレンス
　WEB https://docs.aws.amazon.com/ja_jp/AWSCloudFormation/latest/UserGuide/
　template-reference.html

リソースの削除

　テンプレートファイルを使って構築したリソースは、まとめて削除することができます。削除にはdelete-stackを使います。次のコマンドを実行してください。

実行結果　VPCの削除

```
PS C:¥Users¥nakak¥tmp> aws cloudformation delete-stack --stack-name cfstack
```

　コマンドが正しく実行できたら、管理コンソールでVPCが削除されていることを確認できます。

索引

V・W・X

ア行

カ行

■著者紹介

中垣 健志（なかがき けんじ）

名古屋大学理学部を経て、1998年に株式会社CSK（当時）に入社。Javaや.NET Frameworkを中心としたシステム開発で、ITアーキテクトとして活躍した。2012年に株式会社エイチームへ転職。ソーシャルゲームのプラットフォームなどの開発、保守などを行った。その後、PayPay株式会社、SCSK株式会社を経て、現在はフリーの技術者として活躍している。

装丁＆本文デザイン	轟木亜紀子／阿保裕美（株式会社トップスタジオ）
DTP	株式会社シンクス

エーダブリュエス
AWSではじめるインフラ構築入門 第2版
安全で堅牢な本番環境のつくり方

2023年 1月18日　初版第1刷発行
2023年12月15日　初版第2刷発行

著　　　者	中垣 健志	
発 行 人	佐々木 幹夫	
発 行 所	株式会社 翔泳社（https://www.shoeisha.co.jp）	
印刷・製本	日経印刷株式会社	

ISBN978-4-7981-7800-4　　　　　　　　　　　　　Printed in Japan